Controlling Basiswissen

Alles was man über Controlling wissen sollte

Gerald J. Preißler
Peter R. Preißler

C.H.BECK

So nutzen Sie dieses Buch

Die folgenden Elemente erleichtern Ihnen die Orientierung im Buch:

Beispiele

In diesem Buch finden Sie zahlreiche Beispiele, die die geschilderten Sachverhalte veranschaulichen.

! Die Merkkästen enthalten Empfehlungen und hilfreiche Tipps.

Tipp:

Hier finden Sie hilfreiche Tipps für die Praxis.

Auf den Punkt gebracht

Am Ende jedes Kapitels finden Sie eine kurze Zusammenfassung des behandelten Themas.

besten Gründe für
‹ kompakt:

- te Qualität
- rte Autoren
- e Antworten
- ches Format
- ger Preis
- se als eBook erhältlich

pakt erhalten Sie in
sortierten Buchhandlung
rtofrei im Internet unter
p.de/go/beck-kompakt

WM-Nr.: 165409 Stand: 02. Februar 2016

H.BECK oHG, Wilhelmstraße 9, 80801 München, AG München HRA 48045
(089) 3 81 89-750 · Fax (089) 3 81 89-402 · Internet: www.beck.de

Beck kompakt
Die neuen Erfolgsratgeber.

C.H.BECK

Highlights aus dem großen Programm.

3. Auflage

BWL Basiswissen

128 Seiten, € 6,90
ISBN 978-3-406-69015-0
www.beck-shop.de/bjcluy

Dieser Ratgeber vermittelt betriebswirtschaftliches Basiswissen in Form eines leicht verständlichen Schnellkurses: In drei Stunden erfahren Sie hier alles über die wichtigsten Bereiche der BWL: Rentabilität und Liquidität, Unterschied zwischen GbR und GmbH, Aufbau einer Bilanz, verschiedene Kalkulationsverfahren oder Break-Even-Analyse.

2. Auflage

2. Auflage

HGB Crashkurs

160 Seiten, € 9,90
ISBN 978-3-406-68016-8
www.beck-shop.de/bgiwdj

Dieser »Crashkurs« eignet sich ausgezeichnet für die zielgerichtete Prüfungsvorbereitung. Das Buch ist aufgrund seiner fallbezogenen Ausrichtung sowohl für Anfänger als auch für fortgeschrittene Studierende als kompakte Wiederholung hervorragend geeignet. Einfache Merksätze, Fälle, Übersichten, Definitionen und kurze Zusammenfassungen lassen sich leicht einprägen.

Bestseller

Inhalt

Vorwort

Strukturelle und konjunkturelle Anpassungsprozesse zwingen die Unternehmen permanent, nicht nur zu reagieren, sondern zu agieren. Dies erfordert eine erhöhte Entscheidungsbereitschaft, Entscheidungsfähigkeit und Entscheidungsumsetzung. Welche konkrete Hilfestellung hierfür das Controlling geben kann, soll Ihnen dieses Buch aufzeigen.

In der Unternehmenspraxis wird mittlerweile Basiswissen im Controlling vorausgesetzt – u. a. um „mitsprechen" zu können, um Unternehmen oder Unternehmensbereiche zu analysieren, zu steuern, zu planen und zu kontrollieren. Controlling-Begriffe begegnen einem fast „auf Schritt und Tritt": in den Medien, in der Ausbildung und im beruflichen Alltag.

Mit Hilfe dieses Buches können Sie sich „zwischendurch" – etwa während einer Bahnfahrt, während einer Pause oder am Abend das notwendige Controlling-Basiswissen für Ausbildung, Studium und Beruf aneignen.

Dieses Buch ist bewusst als „Schnellkurs" konzipiert, der sich auf die wichtigsten Themen beschränkt. Auf eine Informationsüberflutung wird verzichtet – so können Sie sich in kurzer Zeit mit Controlling vertraut machen. Wenn Sie danach noch tiefer in die Materie einsteigen möchten, finden Sie am Ende des Buches Hinweise auf weiterführende Literatur.

Für ein Feedback oder Fragen zu diesem Buch sind wir sehr dankbar. Dafür steht die E-Mail-Adresse info@dgc.de zur Verfügung.

Wir wünschen Ihnen nun eine aufschlussreiche Lektüre!

München, Januar 2016

Prof. Dr. Gerald J. Preißler

Prof. Dr. Peter R. Preißler

Was versteht man unter Controlling?

Der Begriff „Controlling" bzw. die Berufsbezeichnung „Controller/-in" sind in Deutschland seit den sechziger Jahren des letzten Jahrhunderts bekannt. Mittlerweile wird dieser Begriff in der Unternehmenspraxis fast „inflationär" verwendet.

Vor allem in größeren Unternehmen übernehmen Mitarbeiter/-innen unterschiedlichster Ausbildung Controllingaufgaben, für deren Bezeichnung der Wortschöpfung fast keine Grenzen gesetzt sind:

Vertriebscontrolling, Werkscontrolling, Produktionscontrolling, Finanzcontrolling, Einkaufscontrolling, F&E-Controlling, Projektcontrolling, Kostencontrolling, Beteiligungscontrolling, Performance Controlling, Marketingcontrolling, Green Controlling, Compliance Controlling, Risiko Controlling

sind hierzu nur einige Beispiele.

Doch was versteht man eigentlich unter „Controlling" und wozu wird das Controlling konkret benötigt?

Zunächst: einen eindeutigen, treffsicheren deutschsprachigen Ausdruck für die Worte Controller – Controlling existiert nicht. Controlling ist deshalb als ein Arbeitsbegriff aufzufassen, dessen Inhalt in der Praxis vielfältig und unterschiedlich ausgelegt wird. Instinktiv verbindet man mit Controlling die Aufgaben eines Kontrolleurs oder Revisors – dies ist aber eindeutig falsch! Tatsächlich leitet sich der Begriff „Controlling" vorwiegend aus der englischsprachigen Formulierung „to have control of" = **steuern, lenken, beherrschen und kontrollieren** ab. Dies zeigt den wahren Inhalt von Controlling im Gegensatz zu „to check" = kontrollieren, prüfen.

Tipp:

Obgleich dieser Begriff „englischsprachige Wurzeln" hat, wird Controlling – wie viele andere beliebte Anglizismen – schwerpunktmäßig nur im deutschen Sprachgebrauch verwendet. So übernehmen z. B. in US-amerikanischen Unternehmen eher „Management Accountants" oder „Comptroller" einige der Aufgaben, die in deutschen Unternehmen zum „klassischen" Tätigkeitsprofil von Controller/innen gehören.

In der Praxis beginnt die Bandbreite der Vorstellungen darüber, was die Funktion des Controllings beinhaltet, beim „Ober-Buchhalter" und endet bei der Vorstellung, dass der Controller ein umfassendes Veto- und Entscheidungsrecht hat. Diese Vorstellungen sind falsch! Was ist nun richtig?

Eine gängige Definition des „Controllings" lautet:

!

„Controlling ist ein funktionsübergreifendes Steuerungsinstrument, das den unternehmerischen Entscheidungs- und Steuerungsprozess durch zielgerichtete Informationser- und -verarbeitung unterstützt. Controller/innen sorgen dafür, dass ein wirtschaftliches Instrumentarium zur Verfügung steht, das vor allem durch systematische Planung und der damit notwendigen Kontrolle hilft, die aufgestellten Unternehmensziele zu erreichen."
(Preißler, P. (2014), Controlling, 14. Auflage, S. 2)

Konkret: Das Controlling hat für **Ergebnis- und Datentransparenz** zu sorgen und unterstützt die Unternehmung funktionsübergreifend bei den **Steuerungs-, Planungs-, Vorgabe-, Entscheidungs- und Kontrollaufgaben rechtzeitig,** auf **eigener Initiative** und immer unter dem Blickwinkel der von der Unternehmensführung festgelegten **Unternehmensziele**.

> ***Beispiele aus der Praxis: typische Unternehmensziele***
>
> *„Unser Umsatz muss um 10 % steigen", „unsere Kosten müssen um 20 % sinken", „wir müssen in diesem Geschäftsfeld die Marktführerschaft erreichen", „unsere Liquidität muss sichergestellt werden", „im Fokus steht der Shareholder Value"; „wir wollen unabhängig bleiben"; „ich will das Erbe meiner Vorfahren sichern".*

Diese Beispiele sind teilweise für den Controller zu wenig konkret.

Zum besseren Verständnis des Controlling-Begriffs sollen im Nachfolgenden weniger Definitionen in den Mittelpunkt gestellt, sondern stattdessen die konkreten Aufgaben und Instrumente des Controllings betrachtet werden:

Finanz- und Ergebnisberichte, Controllingkennzahlen, ausgewählte Instrumente der Kosten- und Leistungsrechnung und Unternehmensplanungen und -analysen gehören sicherlich zur „Grundausstattung" des Controllings. Controller/-innen sollten sich aber nicht als reine „Zahlenmenschen", sondern vielmehr als vorausschauende, hausinterne betriebswirtschaftliche Berater („betriebswirtschaftliches Gewissen") des Unternehmens sehen.

Nach Deyle sind Controller/-innen deshalb „Zielerreichungslotsen" bzw. „Ziel- und Planungsverkäufer". Controlling ist immer zukunftsorientiert, vorausschauend – im Gegensatz zur Kontrolle/Revision, die vergangenheitsorientiert ist.

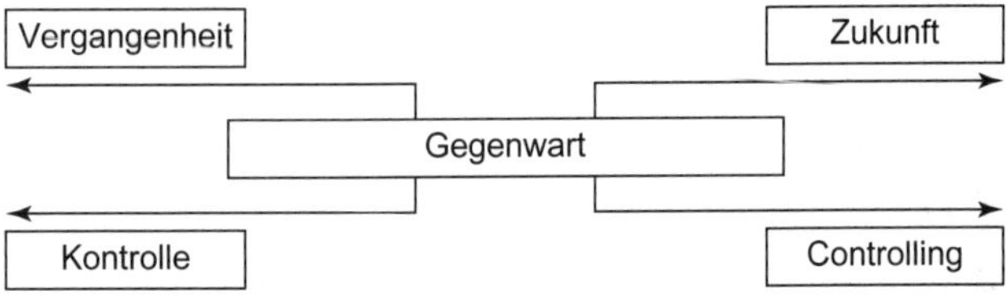

Der Vergleich des Tätigkeitsprofils mit dem eines „Lotsen" oder „Navigators" verdeutlicht, dass Controller/-innen die betrieblichen Abläufe in erster Linie planen und steuern. Und diese nur insoweit kontrollieren, als dass die Unternehmensziele nicht gefährdet werden (der vom „Kapitän" gewünschte Hafen also tatsächlich erreicht wird).

Dies gelingt aber nur, wenn alle verantwortlichen Mitarbeiter und Abteilungen („Steuermänner") eigenverantwortlich mitwirken. Kontrolle muss also durch Selbstkontrolle ersetzt werden. Konkret: Abteilungen, Führungskräfte und Mitarbeiter sollen sich an den transparent gemachten Zielen und Vorgaben orientieren und durch Selbstvergleich mit den realisierten Ergebnissen selbst kontrollieren.

Einige ausgewählte „klassische" Controlling-Funktionen und Controllerarbeiten – unabhängig von Unternehmensgröße und der unterschiedlichen Auffassung der Controllerbereiche – werden in der nachfolgenden Abbildung dargestellt:

Controlling-Funktionen			
Ermittlung und Dokumentation	**Planung und Vorgabe**	**Steuerung und Beratung**	**(Selbst-)-Kontrolle**
Typische Controllerarbeiten: Kostenartenrechnung/Kostenstrukturanalysen	Typische Controllerarbeiten: Ergebnis-, Finanz- und Bilanzplanungen	Typische Controllerarbeiten: Koordination der Teilpläne	Typische Controllerarbeiten: Planungskontrollen
Kostenstellen und Profit-Center-Rechnungen, Deckungsbeitragsrechnungen, Managementerfolgsrechnungen.	Aufstellung des erfolgswirtschaftlichen Gesamtplanes	Beratung und laufende Beobachtung der Planungsziele	Erfolgskontrolle/Anleitung zur Selbstkontrolle
Durchführung von Vor-, Mit- und Nachkalkulationen	Aufstellung von Teilplänen (z.B. Absatzplanung, Produktionsplanung, Personalplanung, Liquiditätsplanung etc)	Erkennen von Abweichungen und Schwachstellen und Einleiten von Gegensteuerungsmaßnahmen	Abweichungsanalysen
Betriebswirtschaftliche Berechnungen und Berichte (z.B. Kennzahlen, Investitionen, Wirtschaftlichkeitsberechnungen, Business Cases, Monatsreporting, Ermittlung von Orientierungswerten/Benchmarks)	Budgetierung und Forecasts	Innovationsmotor	Resultatskontrollen

Controlling-Funktionen			
Ermittlung und Dokumentation	**Planung und Vorgabe**	**Steuerung und Beratung**	**(Selbst-)-Kontrolle**
Ermittlung von Kostensätzen, Gemeinkostenzuschlagsätze	Unternehmensbewertung, Bewertung von Beteiligungen, operativen Einheiten etc.	Betriebswirtschaftliche Analysen für die Entscheidungsfindung und Entscheidungsunterstützung	Feedbacks, Controller als „Business Partner"
Schaffung von „Zahlentransparenz"	Datenlieferant für die externe Finanzberichterstattung	Koordinationsaufgaben	Schaffung von eines verhaltensorientierten Kommunikationsklimas
		Vorgaben für Vorsysteme und IT-Landschaft	Vorgabe von Orientierungswerten/Benchmarks
			Portfolioanalysen
Controlling als „betriebswirtschaftliches Gewissen der Unternehmung", Controller/-innen als „Zielerreichungslotse" für die definierten Unternehmensziele (z.B. Umsatz-, Wachstums-, Liquiditäts-, Unabhängigkeits-, Verantwortungs-, Umweltziele)			
Controller/-innen als „Informationsdienstleister" für die externe Finanzberichterstattung			

Stichpunktartig können die Begriffe Controlling und Controller auch wie folgt skizziert werden:

Controlling ist:

- ein funktionsübergreifendes Steuerungsinstrument zur Unterstützung der Unternehmungsführung beim unternehmerischen Entscheidungsprozess und ein Frühwarnsystem.

- ein auf Informationser- und -verarbeitung aufgebautes System, das Schwachstellen im Unternehmen durch rechtzeitiges Erkennen der Ursachen verhindern soll.
- ein auf Dauer angelegtes Führungsinstrument, das fest in der Unternehmungshierarchie verankert ist und nicht als vorübergehende Zeiterscheinung im Unternehmen anzusehen ist.
- Ein System, das über Ziele führt und über Selbstkontrolle Zielerreichung realisieren will.
- Je nach Zielsetzung der Unternehmung mit unterschiedlichen Aufgabenschwerpunkten betraut ist.
- eine Art Ziel- und Planverkäufer, d. h. Steuermann nicht Kapitän des „betrieblichen Schiffes".
- Zuständig für die Ermittlungs-, Planungs-, Prognose-Vorgabe-, Steuerungs- und Kontrollfunktion der Unternehmung.
- eine Art wirtschaftlicher Ratgeber der Unternehmensleitung („betriebswirtschaftliches Gewissen der Unternehmung").
- Zuständig für Interpretation, Erklärung der Ergebnisse und Aufzeigen der betriebswirtschaftlichen Zusammenhänge.

Auf den Punkt gebracht

Das Controlling ist ein fest institutionalisiertes Informationssystem, das zur betriebswirtschaftlichen Steuerung, Planung, Vorgabe, Kontrolle und Entscheidungsfindung unerlässlich ist.

Controller/-innen sind:

(Mit-)Verantwortlich für die Realisation der Unternehmensziele (um diese Ziele zu erreichen, müssen Controller/-innen überzeugen, vorantreiben und motivieren).

Aber nicht Kontrolleure, nicht oberste Führungs- und Entscheidungsinstanz der Unternehmung!

Operatives Controlling – Strategisches Controlling

Während sich das operative Controlling im Wesentlichen an Zahlen und Ergebnissen der Gegenwart und Vergangenheit orientiert und den Zukunftsaspekt durch Definition des Planungshorizonts auf kurz- und mittelfristige Ziele begrenzt, ist es Aufgabe des strategischen Controlling, durch Interpretation der Ist-Werte auch langfristig Ergebnisse für zukünftige Perioden zu ermitteln und zu planen.

Im Zeithorizont kann man operatives Controlling somit als eher gegenwartsorientiert und strategisches Controlling mehr zukunftsorientiert bezeichnen:

Vergangenheit	Gegenwart (heute und morgen)		Zukunft
Kontrolle	Operatives Controlling		Strategisches Controlling
Vorperiode	Jahresplanung	Mittelfrist-planung	Langfrist-planung

Tipp:

Folgende Aufgaben sollten vom operativen Controlling übernommen werden:

- Mitarbeit bei der Zielvereinbarung;
- Informationsversorgung der einzelnen Ebenen des Unternehmens (interne und externe Daten);
- Dateninterpretation;
- Planungshilfen, Mitarbeit bei der Festlegung von Gesamt- und Teilzielen/Budgetierung;
- Erarbeitung eines Planungshandbuchs;
- Entscheidungshilfen;
- Abweichungsanalysen;
- Prognosen und Simulationen;
- Permanente Soll-Ist-Vergleiche;
- Aufbau eines Berichtsystems;
- Controlling-Kennzahlen;
- Betriebswirtschaftliche Sonderaufgaben;
- Steuernd eingreifen, wenn Zielsetzung gefährdet erscheint;
- Deutlichmachen von operativen Ergebnissen, Entscheidungen und Transparentmachen von Einflussgrößen;
- Sicherstellung der Übereinstimmung von operativer Planung und strategischer Planung.

Folgende Aufgaben sollten hingegen vom strategischen Controlling übernommen werden:

- permanente, zukunftsorientierte Chancen-Risiko-Abwägung;
- Mitarbeit am strategischen Leitbild des Unternehmens;
- Mitarbeit und Beratung bei der langfristigen Zielsetzung;
- Mitarbeit bei der Erarbeitung von Langfriststrategien;
- langfristige und nachhaltige Existenzsicherung der Unternehmung;
- Koordination mit der strategischen Planung (strategische Planung, Basis für funktionierendes strategisches Controlling);
- Steuerung der Erfolgspotenziale, d. h. vor allem der immateriellen Potenziale;
- Verdeutlichung der Zusammenarbeit zwischen operativem und strategischem Controlling;
- Analysen der Stärken und Schwächen des Unternehmens;
- Strategische Soll-Ist-Vergleiche.

Schnittstellen von Controlling und Finanz- und Rechnungswesen

Das betriebliche Finanz- und Rechnungswesen umfasst alle Verfahren, Prozesse und Einrichtungen zur zahlen- und mengenmäßigen Erfassung der betrieblichen Geschäftsvorfälle und Transaktionen einzelner Abrechnungsperioden (Monate, Quartale, Halbjahre, Geschäftsjahre etc.). Es wird unterschieden zwischen dem **externen** und dem **internen Finanz- und Rechnungswesen**.

Die nachfolgende Abbildung stellt die Teilgebiete des Finanz- und Rechnungswesens gegenüber:

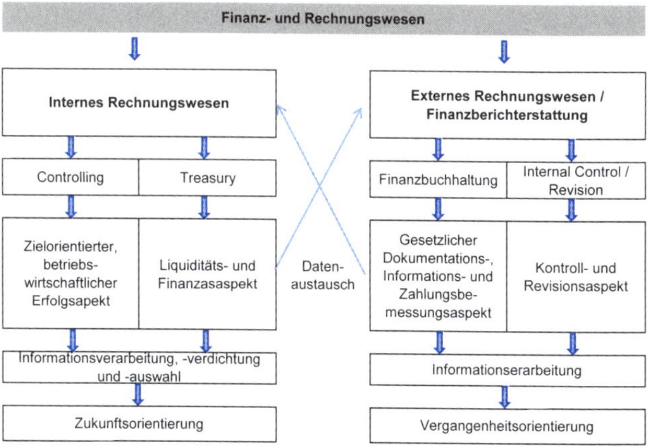

Das **interne Rechnungswesen** (Controlling und Treasury) erfüllt die grundsätzlichen Funktionen der Dokumentation, Planung, Vorgabe, Steuerung und Kontrolle der Betriebsabläufe. Die Ausgestaltung des internen Rechnungswesens orientiert sich primär an internen Entscheidungsträgern (z. B. Unternehmensleitung, Bereichsleitung). Sie folgt betriebswirtschaftlichen Überlegungen und ist freiwillig, da gesetzlich weitgehend nicht geregelt.

> **!** Im internen Rechnungswesen werden *objektive, aktuelle und vertrauliche Informationen* über die wirtschaftliche Lage des Unternehmens ermittelt, verarbeitet und kommuniziert.

Das **externe Rechnungswesen** (Finanzbuchhaltung und Internal Control/Revision) beruht hingegen auf gesetzlichen Grundlagen. Unternehmer sind gesetzlich verpflichtet, Rechenschaft über die betrieblichen Abläufe zu legen. Nach den Vorschriften des Steuerrechts ist jährlich das zu versteuernde Einkommen zu ermitteln **(Steuerbilanz)**. Das **Handelsgesetzbuch (HGB)** regelt, welche Informationen über die Entwicklung der wirtschaftlichen Lage der Unternehmung für unternehmensexterne „Stakeholder" (u. a. Aktionäre, Gesellschafter, Kreditgeber, Lieferanten, Kunden, Arbeitnehmer, Öffentlichkeit) im Einzel- oder Konzernabschluss **(Handelsbilanz)** zur Verfügung gestellt und nach welchen Regeln im Einzelabschluss der **verwendbare Bilanzgewinn** (der entweder ausgeschüttet, in die Gewinnrücklagen oder in den Gewinnvortrag eingestellt wird) ermittelt werden muss.

Da das externe Rechnungswesen primär für die externen Adressaten gedacht ist, werden hier von den Unternehmen *tendenziell subjektiv gefärbte* Informationen über die wirtschaftliche Lage eines Unternehmens bereitgestellt: mit Hilfe von (legalen) bilanzpolitischen Maßnahmen sind sowohl steuerlich als auch handelsbilanziell periodenübergreifende Ergebnisverlagerungen möglich!

Die Verantwortung der **Finanzbuchhaltung** liegt hierbei in der vollständigen, sachlich richtigen, termingerechten Erstellung von Informationen über die Geschäftsvorfälle des Unternehmens unter Berücksichtigung der gesetzlichen Regelungen und Normen für die Rechnungslegung nach Handels-, Steuerrecht und internationalen Bilanzierungsstandards (z. B. nach International Financial Reporting Standards, IFRS).

Internal Control und Revision beinhalten hingegen Überwachungs- und Prüfungsmaßnahmen durch eine Instanz/ Personen, die vom zu überwachenden Bereich nicht abhängig und weisungsgebunden sind. Diese Maßnahmen gehören nicht zu den Kompetenzen des Controllers.

Alle vier Aufgabenbereiche des Finanz- und Rechnungswesen haben nicht nur unterschiedliche Aufgaben, Zielsetzungen und Außenbeziehungen, sondern bedienen auch unterschiedliche Instrumente (siehe Abbildung):

Merkmal	Controlling	Treasury	Finanzbuchhaltung	Internal Control / Revision
Funktionsbeschreibung	„Betriebswirtschaftlicher Zielerreichungslotse, Ziel- und Planungsverkäufer" (Deyle)	„Schatzmeister"	"Berichterstatter"	„Kontrolleur"
Zielsetzungen	Erfolgswirtschaftliches Denken in Verantwortungseinheiten	Finanzwirtschaftliches Denken in Planungsperioden	Regelkonformes Denken in Abrechnungsperioden	Überprüfung der Einhaltung von Regeln
	Betriebswirtschaftliche Optimierung der Ablaufprozesse, Sicherung des Unternehmenserfolgs	Finanzwirtschaftliche Optimierung der Ablaufprozesse. Sicherung des Vermögenserfolges	Einhaltung von Regeln, Bilanzpolitik	Optimierung der Einhaltung von Regeln
Fokus auf	Betriebserfolg	Kapitalerfolg	Vermögens-, Finanz- und Ertragslage	Ordnungsmäßigkeit und Richtlinienkonformität
Instrumente, u.a.	Soll-Ist-Vergleiche, moderne Kostenrechnungsverfahren, Kennzahlensysteme, Berichtswesen, Benchmarking	Gewinn und Verlustrechnung, Bilanz, Cash Flow Rechnung, Finanz- und Liquiditätspläne	Buchhaltung, Bilanz, Gewinn- und Verlustrechnung, Cash Flow Rechnung, Anhang, Lagebericht	Fehlersuche, regelmäßige Kontrolle, exante Prüfungen
Außenbeziehungen	Sehr begrenzte externe Beziehungen, Tätigkeitsfeld mehr intern ausgerichtet u.a. auch folgende externe Beziehungen: - Erfahrungsaustausch - Betriebsvergleiche - Externe Kennzahlen	Starke externe Beziehungen, so u.a. mit - Behörden - Banken, Investoren - Wirtschaftsverbände - Analysten - Wirtschaftsprüfer - Finanzämter	Interne und starke Beziehungen, so u.a. mit - Behörden - Banken, Investoren - Management - Controlling - Treasury - Wirtschaftsprüfer - Steuerberater - Finanzämter	Interne und externe Beziehungen - Management - Wirtschaftsprüfer - Rechtsberatung - Behörden
Erfolgsermittlung	Interner Erfolg durch Zahlen des Controllings	Externer Bilanzerfolg durch Zahlen des Finanz- und Rechnungswesens	Externer Bilanzerfolg durch Zahlen des Finanz- und Rechnungswesens	Interner und externer Erfolg durch Einhaltung der Regeln und Richtlinien
Mentalität	„Verkäufermentalität": vorantreiben, kommunizieren, koordinieren und motivieren	„Einkäufermentalität": sichern, etwas bremsen	"Umsetzungsmentalität" ("Hands-On-Mentalität"): Genauigkeit, Korrektheit und Proaktivität	„Kontrollmentalität": proaktiv nachbohren

Tipp:

Es sollte versucht werden, soweit wie möglich einen integrierten Datenverbund zu installieren:

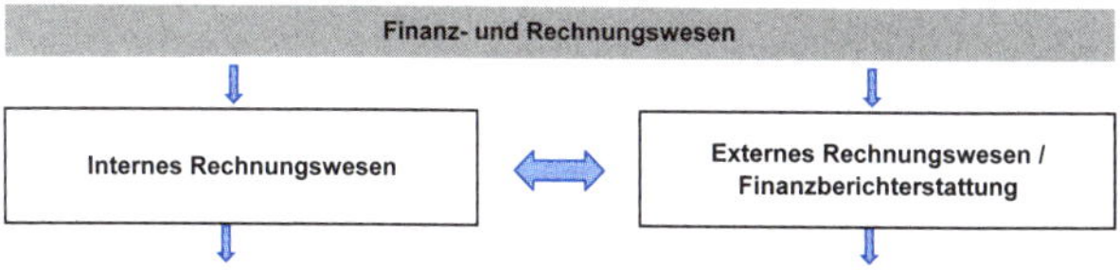

Intergrierter Datenverbund zwischen internem und externen Rechnungswesen (Einkreissystem)

Für den Klein- und Mittelbetrieb hat die Abgrenzung in Controlling, Treasury, Finanzbuchhaltung und Revision eine geringe Bedeutung. Hier wird meist auf diese Einteilung verzichtet und alle vier Teilgebiete oft in Personalunion ausgeübt.

Dennoch: legen Sie auf jeden Fall eine verantwortliche Person für das Controlling bzw. für die Koordination von Teilaufgaben eindeutig fest!

Auf den Punkt gebracht

Das Controlling erfüllt – als Bestandteil des internen Rechnungswesens – andere Funktionen als das externe Rechnungswesen. Zwischen diesen beiden Bereichen muss dennoch ein effizienter Datenaustausch erfolgen und entsprechende Schnittstellen geschaffen werden.

Anforderungsprofil an Controller/-innen

Das Controlling steht und fällt mit der Persönlichkeit des Controllers. Neben **fachlichen Qualifikationen** werden an Controller/-innen hohe **persönliche Anforderungen** gestellt.

Die Schwerpunkte der fachlichen Qualifikation der Controller/-innen liegen u. a. auf der Beherrschung moderner Kostenrechnungsverfahren, von Planungsmethoden, der Investitionsrechnung, Kostensenkungsmethoden, Tabellenkalkulationen, allgemeines betriebswirtschaftliches Know-How usw.

In diesen Gebieten müssen Controller/-innen zweifellos „fit" sein. Speziellere Fachkenntnisse ergeben sich aus den konkreten Einsatzgebieten der Controller/-innen.

Aufgrund der Aufgabenstellung müssen Controller/-innen sämtliche betriebliche Bereiche und Vorsysteme „controllerfähig" gestalten, d. h. sie in dem Gesamt-Controllersystem zu integrieren.

Das bedeutet, dass sie nicht nur über Fachwissen verfügen, sondern – und damit sind wir bereits bei den persönlichen Anforderungen – darüber hinaus die Fähigkeit zur Zusammenarbeit mit anderen Bereichen und operativen Einheiten haben. Wenn Controller/-innen ihren Ideen Geltung verschaffen möchten, müssen sie nicht nur die „Sprache" ihrer Gesprächspartner verstehen, sondern sie müssen darüber hinaus über deren Probleme Bescheid wissen.

Controller/-innen sind interne „Business Partner". Sie müssen deshalb fähig sein, auf „Augenhöhe" mit Führungskräften und Mitarbeitern zu kommunizieren und deren Gedanken, Probleme und Vorbehalte zu verstehen, sowie zu hinterfragen. Sie sollten in der Lage sein, die Unternehmensziele in nachvollziehbare einzelne Zielvereinbarungen für die operativen Einheiten herunter zu brechen, deren Aktionen zu koordinieren, Chancen und Risiken aufzudecken und gegebenenfalls schnell Gegensteuerungsmaßnahmen einzuleiten.
Auch sollten Controller/-innen aktiv „zuhören können", analytisch Denken und gleichzeitig in einer verständlichen, „nicht abgehobenen", kooperativen und kompromissbereiten Art und Weise kommunizieren und moderieren können.

Tipp:

Weitere Praxis-Hinweise zur Erstellung von Auswahl von Controller/-innen finden Sie in den Literaturhinweisen zu diesem Abschnitt.

Das Persönlichkeitsbild von Controller/-innen deckt sich in vielen Punkten mit dem von Führungskräften. Daraus folgt, dass der Personenkreis, der für die Controllertätigkeit rekrutiert werden kann, sich keineswegs auf Fachleute des Rechnungswesens beschränken muss. Controller/-innen könnten z. B. auch aus dem Verkaufsbereich oder auch aus dem technischen Bereich kommen. Die Eingangsvoraussetzung für Controller/-innen ist in der Praxis meist eine Hochschulausbildung (Bachelor oder Masterstudium der Betriebswirtschaft, Wirtschaftsinformatik, Ingenieurwesen). Mindestens genauso geeignet ist aber eine praxisorientierte Berufsausbildung mit den Schwerpunkten Controlling, Planung, Rechnungswesen, Finanzwirtschaft, Organisation, Unternehmensführung und IT.

Auf den Punkt gebracht

Die persönlichen Anforderungen und soziale Kompetenz des Controllers sind mindestens so wichtig wie seine fachliche Qualifikation. Denn Controller/-innen sollten nicht nur Fachkompetenz und Führungsfähigkeiten mitbringen, sondern sie müssen vor allem auch Berater, Moderator, Innovator und Coach sein:

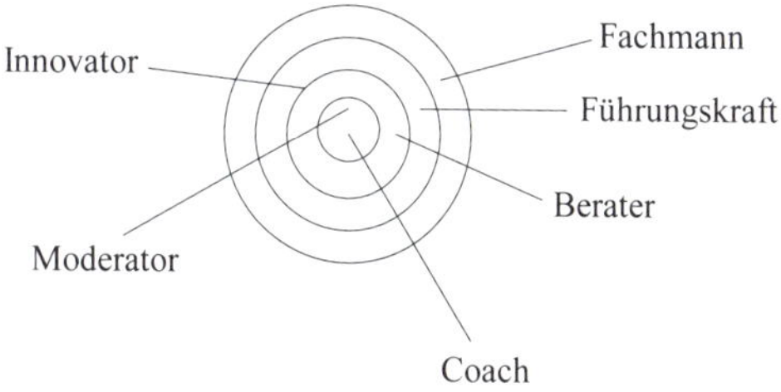

Diese Instrumente sollten Controller/-innen mindestens beherrschen

Aufbau eines aussagefähigen Informationssystems im Controlling (Reporting)

Jede unternehmerische Entscheidung beruht auf Informationen. Die Richtigkeit von Entscheidungen hängt damit immer von der Qualität der vorhandenen Informationen ab.

Beispiel:

Für die Management-Entscheidung über einen Fremdbezug bisher selbsterstellter Produkte werden – neben strategischen Aspekten – auch Informationen über die relevanten Kosten entscheidend, die bei Fremdbezug entfallen werden.

Deshalb sind Aufbau und Pflege eines aussagefähigen betrieblichen Informationssystems (Reportings) eine der Hauptaufgaben von Controller/-innen. Hierbei stehen Controller/-innen vor der Herausforderung, ein Reporting aufzubauen, das einerseits den Informationsbedürfnissen der Unternehmung Rechnung trägt und andererseits dem Wirtschaftlichkeitsprinzip entspricht. Bei Kleinbetrieben kann ein einfaches Reporting völlig ausreichen; je größer und komplexer das Unternehmen wird, desto komplexer und formalistischer wird automatisch das Reporting.

Tipp:

Angebot und Bedarf an Informationen zu koordinieren ist die zentrale Aufgabe von Controller/-innen.
Beachten Sie daher den Grundsatz: jede Information, die nicht verwendet wird, ist überflüssig! Es kommt nicht darauf an, möglichst komplexe und besonders „fortschrittliche" Informationssysteme aufzubauen, sondern sich daran zu orientieren, welche Informationen das Management (z. B. Kostenstellen- / Profit Center-Verantwortliche, Bereichsleitung, Vertriebsleitung, Geschäftsführung) tatsächlich benötigt **(achten Sie auf empfängerorientierte Informationen!)**.

Mit der nachfolgenden Checkliste können wichtige Anforderungen an ein qualitativ hochwertiges Informationssystem überprüft werden:

Checkliste

- ✓ Sind die erarbeiteten Informationen aktuell, objektiv und möglichst konkret?
- ✓ Sind sie knapp, einfach und wirtschaftlich (nach dem Grundsatz: so wenig wie möglich, so viel wie nötig!).
- ✓ Lässt das Informationssystem Schwachstellen und Abweichungen rechtzeitig erkennen (so dass Gegenmaßnahmen frühzeitig eingeleitet werden)?
- ✓ Baut das Informationssystem, wann immer es möglich ist, auf eine einheitliche Datenbasis auf?

✓ Werden Informationen auch visualisiert und sind sie vor allem verständlich, nachvollziehbar und empfängerorientiert?

✓ Werden die Informationen auch aus eigener Initiative des Controllings geliefert (denn es besteht eine Bringschuld des Controllings, nicht eine Holschuld des Berichtsempfängers)?

Tipp:

Controller/innen in ihrer Rolle als Ziel- und Planungsverkäufer sollten Berichte an die Verantwortungsträger „verkaufen". Zum Verkaufen gehört auch die ansprechende Präsentation der Controlling-Informationen. Hierzu sollte man sich der einschlägigen Hilfsmittel bedienen (moderne Präsentationstechnik usw.). Die Controlling-Berichte selbst sind grafisch anzureichern – nach dem Grundsatz: Ein Bild ersetzt viele Worte!
Weitere Praxis-Hinweise und umfangreiche Checklisten zur Erstellung von Controllingberichten finden Sie als Zusatzmaterial Online und in den Literaturhinweisen zu diesem Abschnitt.

Auf den Punkt gebracht

Aussagekräftige Controllingberichte (Reporting) sollten vor allem Empfängerorientiert nach dem Grundsatz: „so viel Information wie notwendig und so übersichtlich wie möglich" gestaltet werden.

Entscheidungsorientierte Kosten- und Leistungsrechnung (KLR) als Hauptbedingung für erfolgreiches Controlling

Jedes Unternehmen, unabhängig von Größe, Rechtsform und Struktur, hat täglich vielfältige Entscheidungen zu treffen. Dazu zählen unter anderem Materialbeschaffungs-, Personal- und Investitionsentscheidungen, Entscheidungen über die Festlegung des Produktportfolios, Planung der Vertriebswege, Kundenbeurteilungen, Entscheidungen über Eigenherstellung oder Fremdbezug und Preisentscheidungen.

Ein Controlling-Instrument ist hierbei als Entscheidungshilfe besonders wertvoll: die **entscheidungsorientierte Kosten- und Leistungsrechnung**. Denn diese kann, unter anderem, folgende entscheidungsrelevante Informationen liefern:

- Aufdeckung betrieblicher Kostentreiber und Kostenverursacher: wo entstehen welche Kosten und für wen?
- Verursachergerechte Produktkalkulationen, inklusive einer Darstellung von Selbstkosten, Teilkosten, Grenzkosten und unterschiedlicher Preisstufen: welche Kosten können oder müssen von den Verkaufspreisen gedeckt werden?
- Kostensätze und Gemeinkostenzuschlagssätze (auf Basis von Ist- und Sollkosten) für Wirtschaftlichkeitsuntersuchungen, Benchmarking und Investitionsentscheidungen.
- Bereichs-, Segment-, Kundenerfolgs- und Vertriebswegeanalysen im System der mehrstufigen Deckungsbeitragsrechnung.

- Objektive, genaue und vollständige Daten für integrierte Planungsrechnungen, Unternehmensbewertungen und Controlling- Kennzahlen.

Im Nachfolgenden werden einige der vielfältigen Einsatzmöglichkeiten der entscheidungsorientierten KLR herausgegriffen und näher durchleuchtet.

Kostenarten-, Kostenstellen- und Kostenträgerrechnung als Basis jedes Kosten- und Leistungsrechnungssystems

Jedes Kostenrechnungssystem basiert auf einer Kostenarten-, Kostenstellen- und Kostenträgerrechnung:

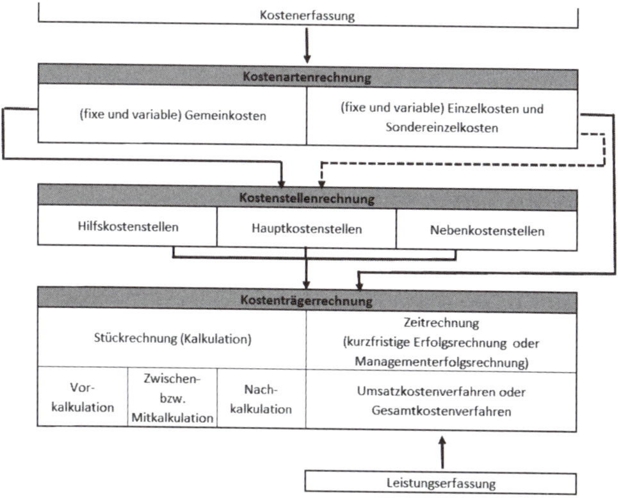

Alle Kosten werden zuerst in der **Kostenartenrechnung** gesammelt. Hier werden die Kosten entsprechend der jeweiligen Informationsaufgaben der Kostenrechnung mehr oder weniger fein aufgegliedert. Das Unternehmen wird gleichzeitig in interne Abrechnungseinheiten (Kostenstellen) unterteilt.

Die Gemeinkosten gehen von der Kostenartenrechnung in die **Kostenstellenrechnung** und von dort in die **Kostenträgerrechnung**. Die Einzelkosten werden direkt auf Kostenträgerebene erfasst (allerdings können in der Praxis die Einzelkosten aus Kostenkontrollgesichtspunkten ebenfalls statistisch in der Kostenstellenrechnung mitgebucht werden).

Entsprechend der gewünschten Genauigkeit bzw. dem Informationsgehalt der Ergebnisse, wird in der **Kostenträgerstückrechnung** (Kalkulation) das Kalkulationsverfahren festgelegt. In der **Kostenträgerzeitrechnung** (kurzfristige Erfolgsrechnung / Managementerfolgsrechnung) können gezielt die Erfolgsbeiträge einzelner Kostenträger analysiert werden.

Tipp:

Es gibt in Theorie und Praxis verschiedene Kalkulationsverfahren (Stichworte: Divisionskalkulation, Äquivalenzziffernkalkulation, Kuppelproduktkalkulation, (differenzierte) Zuschlagskalkulation), wobei aber die Zuschlagskalkulation in der Praxis am weitesten verbreitet ist (siehe dazu Beispiel auf Seite 45).

Während die **Kostenartenrechnung** die in der Abrechnungsperiode angefallenen Kostenarten erfasst (Fragestellung: **Welche** Kosten entstehen?), werden die Kostenarten in der **Kostenstellenrechnung** gesammelt (Fragestellung: **Wo entstehen welche** Kosten?) und schließlich in der **Kostenträgerrechnung** (Fragestellung: **Wofür entstehen Kosten?**) auf die Kostenträger zugeordnet.

Kostenartenrechnung – sie schafft Ordnung und Kostentransparenz

Viele Unternehmen machen den Fehler, den Unternehmenserfolg nur mit den Zahlen der Finanzbuchhaltung zu messen. Die Zahlen der Finanzbuchhaltung sind aber für die laufende Betriebssteuerung ungeeignet, denn sie verfälschen weitgehend die betriebswirtschaftliche Realität, liefern nicht die wirklich benötigten Informationen und sind häufig nicht aktuell. So folgen die in der Finanzbuchhaltung erstellten Ergebnisrechnungen der (gesetzlich) vorgegebenen Struktur der Gewinn- und Verlustrechnung und des verwendeten Kontenrahmens. Steuerliche oder bilanzpolitische Überlegungen verzerren oft das tatsächliche, operativ erwirtschaftete Ergebnis eines Unternehmens.

Wichtige Kostenblöcke (wie z. B. Materialeinsatz, Bestandsveränderungen, Abschreibungen, Personalrückstellungen) werden in der Praxis oftmals erst bei der Jahresabschlusserstellung ermittelt und gebucht. Sie fehlen daher bei unterjährigen Auswertungen.

Notwendige betriebswirtschaftliche Korrekturen und kalkulatorische Kosten (z. B. kalkulatorische Abschreibungen und kalkulatorische Zinsen), die gerade bei anlagenintensiven Unternehmen zur langfristigen Substanzsicherung dringend angesetzt werden müssten, werden in der Ergebnisrechnung der externen Finanzberichterstattung nicht abgebildet.

Auf den Punkt gebracht

Die Ergebnisrechnung aus der Finanzbuchhaltung stellen in der Regel keine hinreichenden Informationen zur internen Unternehmensführung und -steuerung zur Verfügung. Genau hier setzt die Kostenartenrechnung an, denn diese beantwortet die Frage:

Welche betrieblich relevanten Kosten entstehen und wie entwickeln sich diese?

In einer aussagekräftigen Kostenartenrechnung werden alle wesentlichen, betrieblich relevanten Kostenarten *absolut, prozentual und im Zeitablauf* dargestellt. Mit diesen Angaben können gezielte **Kostenstrukturanalysen** durchgeführt werden. Dazu werden die Aufwendungen nach Kostenarten sortiert, verdichtet und anschließend um betriebswirtschaftliche Korrekturen (Abgrenzung neutraler Aufwendungen/Erträge und Ansatz kalkulatorischer Kosten) erweitert.

Innerhalb der Kostenartenrechnung erfolgt zudem eine Unterscheidung der Kosten

- **nach ihrer Zuordenbarkeit** in **Einzelkosten** oder **Gemeinkosten;**

- und/oder nach ihrem **Verhalten bei Beschäftigungsänderungen** in **variable** oder **fixe Kosten**.

Diese Unterscheidung ist insbesondere für die später erläuterte Kostenträgerrechnung wichtig.

Einzelkosten: einer Kostenstelle, einem Unternehmensbereich oder einem Kostenträger unmittelbar (z. B. per Beleg) zuordenbare Kosten:

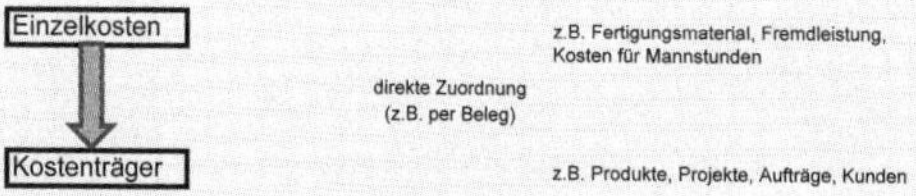

Gemeinkosten: einer Kostenstelle, einem Unternehmensbereich oder einem Kostenträger gar nicht oder nur mittelbar (z. B. per Schlüsselung oder Zuschlagssätze) zuordenbare Kosten:

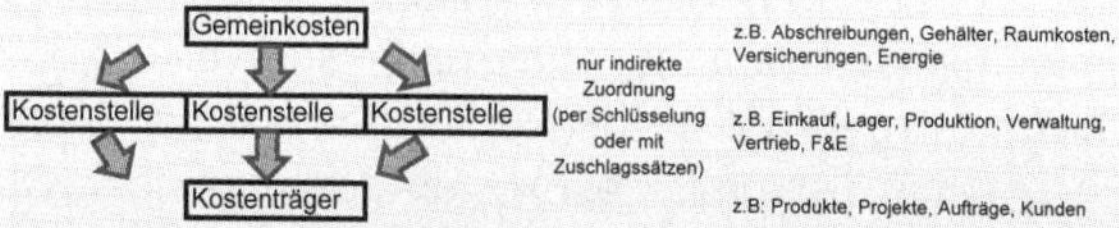

Fixe Kosten: beschäftigungsunabhängige Einzel- oder Gemeinkosten:

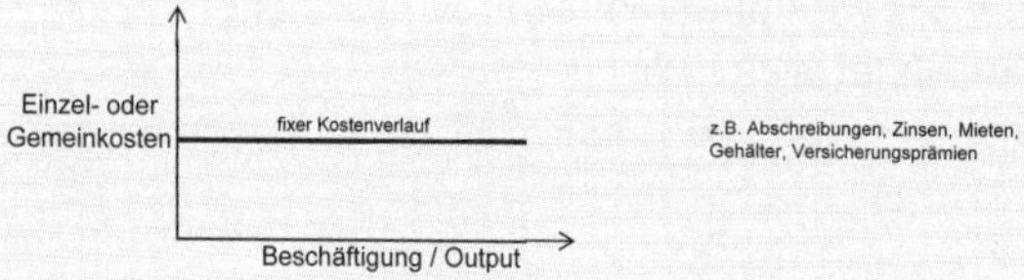

Variable Kosten: beschäftigungsabhängige Kosten. Variable Kosten können sich im Verhältnis zur Beschäftigung u. a. proportional, progressiv und degressiv verhalten.

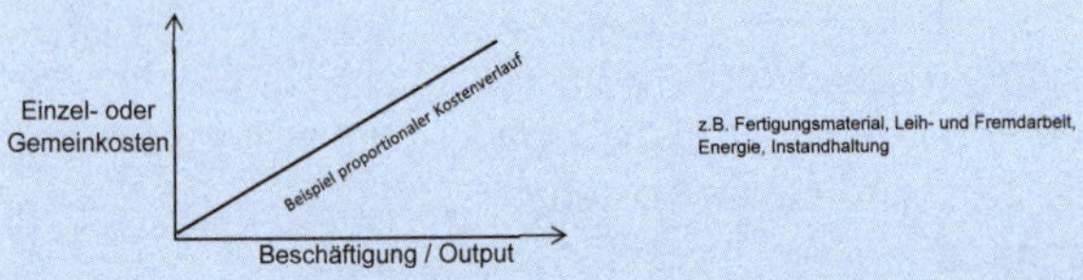

Tipp:

Die Darstellungsart und -tiefe der Kostenarten sollte unternehmensindividuell erfolgen und sich an den Informationsbedürfnissen des Managements orientieren.

Wenn z. B. die Höhe der Weiterbildungskosten für das Management relevant ist, sollte dafür auch eine eigene Kostenart gebildet werden, ansonsten könnten diese auch mit den Personalnebenkosten zusammengefasst werden.

Beurteilen Sie die Kostenarten regelmäßig und analysieren Sie Abweichungen von Plan, Soll- und Ist-Zahlen. Bei negativen Entwicklungen müssen schnell Gegenmaßnahmen eingeleitet werden!

Kostenstellenrechnung – deckt Kostentreiber und Kostenverursacher auf

Kostenstellen sind interne Abrechnungseinheiten, in denen Kosten gesammelt und weiter verrechnet werden. Es sind Orte der Kostenbe- und -entlastung.

Auch die Kostenstellenrechnung (traditionelle Bezeichnung: Betriebsabrechnung, BAB) erhöht die Kostentransparenz – denn sie zeigt die Orte der Kostenentstehung auf.

Hier werden die Kostenarten zunächst auf Hilfskostenstellen und Hauptkostenstellen verteilt **(„Primärkostenverteilung").**

In Hilfskostenstellen werden **interne Leistungen** erbracht. Sie tragen **nur mittelbar zur Leistungserstellung** bei (z. B. Arbeitsvorbereitung, Betriebshandwerker, Kantine, Werksschutz, Produktionsleitung, soziale Einrichtung, Grundstücke und Gebäude).
Hauptkostenstellen dienen der **unmittelbaren Leistungserstellung** (z. B. Produktionsabteilungen, Verwaltungs- und Vertriebseinrichtungen, Einkauf).

Tipp:

Die Primärkostenverteilung sollte soweit wie möglich von der Finanzbuchhaltung übernommen werden. Dafür sollte das Controlling klare Kontierungsanweisungen zur Verfügung stellen!

In der anschließenden **Sekundärkostenverrechnung** (bzw. innerbetrieblichen Leistungsverrechnung) werden die Gemeinkosten der Hilfskostenstellen über Verteilungsschlüssel (z. B. qm, Anzahl der Beschäftigten, Arbeitszeiten) oder nach der tatsächlichen Inanspruchnahme (z. B. über die Betriebsdatenerfassung) auf die Hauptkostenstellen verteilt.

Schließlich werden die primären und sekundären Gemeinkosten der Hauptkostenstellen aufaddiert. Die Summen stellen die Datenbasis zur Ermittlung von Kalkulationssätzen (z. B. Maschinenstundensätze oder Gemeinkostenzuschläge) dar.

Beispiel:

a) *In der Materialkostenstelle entstanden laut Kostenstellenrechnung der vergangenen Abrechnungsperiode insgesamt* **1 Mio. € Gemeinkosten** *(u. a. für Lagerung, Einkauf, Warenannahme, innerbetrieblicher Transport). Außerdem wurden* **4 Mio. € Materialeinzelkosten** *(Fertigungsmaterial) erfasst.*

   Daraus ergibt sich ein Ist-Materialgemeinkostenzuschlag (MGZ) von 25 % (= 1 Mio. € / 4 Mio. € x 100).

b) *In einer Produktionskostenstelle entstanden laut Kostenstellenrechnung für eine Fräsmaschine zuordenbare maschinenabhängige Fertigungsgemeinkosten (u. a. kalkulatorische Abschreibungen und Zinsen, Wartungskosten, Energiekosten, Raumkosten) von* **0,1 Mio. €**. *Die* **produktive Ist-Laufzeit** *dieser Maschine beträgt* **2.500 Stunden** *pro Jahr. Damit ergibt sich ein Ist-Maschinenstundensatz von 40 € pro Stunde (= 0,1 Mio. € / 2.500 Stunden pro Jahr).*

Auf den Punkt gebracht

Die Kostenstellenrechnung zeigt, **wo** (Bereiche, Kostenstellen, Verantwortungsträger) Kosten verursacht werden. Sie deckt Kostentreiber und Kostenverursacher auf.

Die Kostenstellenrechnung ist zudem Voraussetzung für eine möglichst verursachungsgerechte innerbetriebliche Leistungsverrechnung, sorgt für Vergleichbarkeit und für Kostenverantwortung im Unternehmen.

Kostenträgerstückrechnung – sie zeigt wofür die Kosten entstehen

In der Kostenträgerstückrechnung (Kalkulation) erfolgt die Zuordnung der Kosten auf die betrieblichen Kostenträger. Die betrieblichen Kostenträger sind in der Regel die Umsatzträger. Dabei handelt es sich in der Regel um Vertriebseinrichtungen, Kunden (-gruppen), Segmente, Geschäftsfelder, einzelne Aufträge oder Produkte/Leistungen.

!

Folgende wichtige Informationen kann u. a. eine Kostenträgerstückrechnung bereitstellen:

- Informationen zur Produkterfolgskontrolle, Kostenplanung, Kostenkontrolle und für die Preispolitik („was kosten unsere Produkte?" „welche Auswirkungen haben Preisänderungen auf das Betriebsergebnis?");

- Informationen über die Produktsortimentspolitik („welche Produkte lohnen sich?");
- Informationen über die Vertriebspolitik („welche Vertriebserfolge werden erzielt?");
- Informationen über die Kundenpolitik („Welche Rentabilität wird mit einzelnen Kunden erzielt?").

Zwei wichtige Grundsätze sind bei der Erstellung von Kostenträgerstückrechnungen zu beachten:

1. Kostenverursacherprinzip beachten!

! Gemäß dem Kostenverursacherprinzip erfolgt die Kostenverrechnung stets nach einem Ursache-Wirkungszusammenhang auf Kostenstellen und Kostenträger. Das Kostenverursacherprinzip ist Voraussetzung für die Aussagefähigkeit und den Informationsgehalt der gesamten Kostenrechnung!

In der Praxis wird das Verursacherprinzip oftmals bewusst oder unbewusst verletzt. Bewusst deshalb, weil es nur mit einem unverhältnismäßig großen Erfassungsaufwand möglich wäre, Kosten den Verursachern zuzuordnen und tatsächlich viele Gemeinkosten nicht verursachergerecht zugeordnet werden können (wie sollen z.B. die Kosten des Empfangs oder der Finanzbuchhaltung einzelnen Aufträgen oder Produkten zugeordnet werden?).

Zu den gravierendsten Fehlern führen aber unbewusst gemachte falsche Kostenverrechnungen: so werden Kosten einzelnen Kostenstellen oder Produkten/Aufträgen zugeordnet, die diese nicht einmal mitverursacht haben!

Vor allem bei willkürlich geschätzten oder völlig überholten Kostenverteilungsschlüsseln und Gemeinkostenzuschlägen wird das Kostenverursacherprinzip erheblich verletzt.

2. Vollkosten und Teilkosten ermitteln!

Die Teilkostenrechnung beruht auf der Überlegung, dass den Kostenträgern nur Teile der Gesamtkosten zugeordnet werden können (nämlich nur die verursachungsgerecht zuordenbaren Kosten).
Im Gegensatz zur Vollkostenrechnung verzichtet daher die Teilkostenrechnung auf die Zuordnung aller Kosten und die Ermittlung von Gewinnen für die Kostenträger. Entscheidend für die Beurteilung eines Kostenträgers ist der **Deckungsbeitrag**, der nach Abzug der variablen Kosten (oder Einzelkosten) verbleibt. Die verbleibenden Fixkosten (oder Gemeinkosten) müssen von den Deckungsbeiträgen aller Kostenträger abgedeckt werden:

<table>
<tr><td>zuordenbare Kosten
z. B. 600 €</td><td rowspan="2">erzielter Erlös eines Kostenträgers
z. B. 1.000 €</td></tr>
<tr><td>Deckungsbeitrag 400 €
bzw. 40 % vom erzielten Erlös</td></tr>
</table>

Solange ein Kostenträger einen positiven Deckungsbeitrag aufweist, trägt er zur Fixkosten- oder Gemeinkostendeckung bei und verbessert somit in Höhe des Deckungsbeitrages das Betriebsergebnis. Somit können nur Deckungsbeiträge die tatsächlichen Ergebnisbeiträge einzelner Kostenträger objektiv vermitteln.

Beispiel: Voll- und Teilkostenrechnung und Produkterfolgsanalyse bei einer Brauerei

Eine Brauerei erzielt für zwei sehr ähnliche Biersorten einen durchschnittlichen (Markt-) Preis von 60 Euro je Hektoliter:

Der im System der differenzierten Zuschlagskalkulation kalkulierter Rampenpreis (= Herstellkosten inkl. Verwaltungsgemeinkosten, Zeile 9), Selbstkosten (Zeile 13) und die variablen Grenzkosten je hl unterscheiden sich nur bei den Kosten für die Etiketten und Verschlüsse (Zeile 2). Die Deckungsbeiträge (Zeile 15), mit denen die Produktrentabilität beurteilt werden kann, weichen daher (richtigerweise) kaum voneinander ab!

Eine dritte Biersorte unterscheidet sich in den Fertigungskosten (Zeile 5) und beim Fertigungsmaterial (Zeile 1) von den vorherigen beiden Biersorten. Außerdem wird diese Biersorte primär im Lebensmittelhandel vertrieben, wofür ein anderer Vertriebskostenzuschlag (Zeile 10) verwendet wird:

		Musterbiersorte 1		
Zeile	Kostenzeilen	Variable Kosten je hl (Grenzkosten)	Fixe Kosten je hl	Vollkosten je hl
1	Fertigungsmaterial	7,31		7,31
2	Kosten für Etiketten, Verschlüsse	3,32		3,32
3	Materialgemeinkosten (2 % von 1)		0,15	0,15
4	Materialkosten gesamt (1+2+3)	10,63	0,15	10,78
5	Fertigungskosten Produktion	6,65	3,44	10,09
6	Fertigungskosten Abfüllerei	6,21	5,47	11,68
7	Herstellkosten (4+5+6)	23,49	9,06	32,55
8	Verwaltungsgemeinkosten (15 % von 7)		1,36	1,36
9	Rampenpreis (7+8)	23,49	10,42	33,91
10	Vertriebsgemeinkosten Handel (35 % von 9)		4,37	4,37
11	Biersteuer	8,12		8,12
12	Tourenzuschlag		8,52	8,52
13	Selbstkosten (9+10+11+12)	31,61	23,31	54,92
14	Durchschnittlicher Verkaufpreis je hl		60,00	
15	Deckungsbeitrag I je hl (14 - 13)		28,39	
16	Deckungsbeitrag in % des VP (DBU-Faktor) (15 : 14 x 100)		47,3%	

Angaben in €

		Musterbiersorte 2		
Zeile	Kostenzeilen	Variable Kosten je hl (Grenzkosten)	Fixe Kosten je hl	Vollkosten je hl
1	Fertigungsmaterial	7,31		7,31
2	Kosten für Etiketten, Verschlüsse	5,26		5,26
3	Materialgemeinkosten (2 % von 1)		0,15	0,15
4	Materialkosten gesamt (1+2+3)	12,57	0,15	12,72
5	Fertigungskosten Produktion	6,65	3,44	10,09
6	Fertigungskosten Abfüllerei	6,21	5,47	11,68
7	Herstellkosten (4+5+6)	25,44	9,06	34,49
8	Verwaltungsgemeinkosten (15 % von 7)		1,36	1,36
9	Rampenpreis (7+8)	25,44	10,42	35,85
10	Vertriebsgemeinkosten Handel (35 % von 9)		4,37	4,37
11	Biersteuer	8,12		8,12
12	Tourenzuschlag		8,52	8,52
13	Selbstkosten (9+10+11+12)	33,56	23,31	56,87
14	Durchschnittlicher Verkaufpreis je hl		60,00	
15	Deckungsbeitrag I je hl (14 - 13)		26,44	
16	Deckungsbeitrag in % des VP (DBU-Faktor) (15 : 14 x 100)		**44,1%**	

Angaben in €

		Musterbiersorte 3		
Zeile	Kostenzeilen	Variable Kosten je hl (Grenzkosten)	Fixe Kosten je hl	Vollkosten je hl
1	Fertigungsmaterial	7,37		7,37
2	Kosten für Etiketten, Verschlüsse	3,32		3,32
3	Materialgemeinkosten (2 % von 1)		0,15	0,15
4	Materialkosten gesamt (1+2+3)	10,69	0,15	10,84
5	Fertigungskosten Produktion	6,40	3,22	9,63
6	Fertigungskosten Abfüllerei	6,21	5,47	11,68
7	Herstellkosten (4+5+6)	23,31	8,84	32,15
8	Verwaltungsgemeinkosten (15 % von 7)		1,33	1,33
9	Rampenpreis (7+8)	23,31	10,17	33,48
10	Vertriebsgemeinkosten Lebensm. (42 % von 9)		4,27	4,27
11	Biersteuer	7,44		7,44
12	Tourenzuschlag		8,52	8,52
13	Selbstkosten (9+10+11+12)	30,75	22,96	53,71
14	Durchschnittlicher Verkaufpreis je hl		60,00	
15	Deckungsbeitrag I je hl (14 - 13)		29,25	
16	Deckungsbeitrag in % des VP (DBU-Faktor) (15 : 14 x 100)		**48,8%**	

Es wird deutlich: Bei dieser Biersorte kann im Vergleich der höchste Deckungsbeitrag je hl eingenommen werden! Die variablen Kosten je hl unterscheiden sich deutlich, während die Fixkosten je hl (dem Verursacherprinzip entsprechend) in Summe nahezu gleich sind!

Insbesondere bei marktorientierter Preispolitik sind Teilkosten und Deckungsbeiträge zur **Produkt- und Kundenerfolgskontrolle** sowie zur Beurteilung der **Auswirkung von Preisänderungen** unerlässlich!

Tipp:

Achten Sie daher auf eine systematische Aufteilung in variable und in fixe Kosten je Kostenart auf Kostenstellenebene!

Beispiel: Vollkostenrechnung versus Teilkostenrechnung

Ein Unternehmen produziert die Produktgruppen A, B und C und ermittelt im Rahmen der Vollkostenrechnung folgende Werte (in Tausen €):

	A	B	C	Gesamt
1. Erlöse	200	510	370	1.080
2. Gesamtkosten	198	429	389	1.016
3. Anteiliges Betriebsergebnis	**2**	**81**	**–19**	**64**

Hätte man das „verlustbringende" Produkt vor Beginn C aufgegeben, – wäre auch nach der Vollkostenrechnung – ein negatives Gesamtergebnis die Folge gewesen:

	A	B	C	Gesamt
1. Erlöse	200	510		710
2. Gesamtkosten	240	511		751
3. Betriebsergebnis	–40	–1		–41

Die Teilkostenrechnung stellt die Ergebnisbeiträge der drei Produkte objektiv dar:

	A	B	C	insg.
1. Erlöse	200	510	370	1.080
2.zuordenbare variable Kosten	150	415	265	830
3. Deckungsbeitrag (Produkterfolg)	**50**	**95**	**105**	**250**
4. Fixkosten	-	-	-	186
5. Betriebsergebnis	-	-	-	**64**

Fazit: nur mit Hilfe der Teilkostenrechnung lässt sich feststellen, welchen Beitrag ein Artikel zum Gesamterfolg objektiv beiträgt.

Beispiel: Beurteilung der Auswirkung von Preisänderungen

Bei Preisänderungen sollten die kostenrechnerischen Auswirkungen hinterfragt werden:

Werden bei einem bisherigen Auftragswert von 2.000 € noch 5 % Rabatt gewährt, so wirkt sich das mit 100 € aus. Dieser Betrag erscheint auf den ersten Blick nicht hoch.

Es entstehen 1.600 € variable Auftragskosten, so dass vor Rabattgewährung ein Auftragsdeckungsbeitrag von 400 € (= 2.000 € - 1.600 €) bzw. 20 % (= 400 € / 2.000 € x 100) erwartet wird.

Der Rabatt reduziert aber den Auftragsdeckungsbeitrag um 100 € auf 300 €. In Prozent ausgedrückt: um 25 % (=100 € / 400 € x 100).

Konsequenz: damit unverändert ein Auftragsdeckungsbeitrag von 400 € erzielt wird, müsste der Kunde bei einem Rabatt von 5 % die Absatzmenge um 33,33 % erhöhen (= 100 € / 300 € x 100)!

Tipp:

Mit den nachfolgenden Formeln können Sie die Auswirkungen von Preisänderungen schnell berechnen:

Bei Rabattgewährung:

$$\frac{\text{Netto-Preisveränderung in \% x 100}}{\text{DB in \% des bisherigen Netto-Verkaufspreises - Rabatt in \% des bisherigen Netto-Verkaufspreises}} = \text{in \% des vorherigen Absatzes}$$

Bei Preiserhöhung:

$$\frac{\text{Netto-Preisveränderung in \% x 100}}{\text{DB in \% des bisherigen Netto-Verkaufspreises + Preiserhöhung in \% des bisherigen Netto-Verkaufspreises}} = \text{in \% des vorherigen Absatzes}$$

Man sollte den Kunden, die solche Nachlässe fordern, aber auch dem Vertrieb gelegentlich diese Tatsache vorrechnen!

Auf den Punkt gebracht

Fazit: **Verursachergerechte** Kalkulationen auf Voll- und Teilkostenbasis liefern die erforderlichen Erkenntnisse für Sortiments- und Kundenanalysen, für Kostenplanungen und Preisbeurteilungen.

Mit Hilfe der Teilkostenrechnung können zudem verschiedene Preisstufen ermittelt werden (z. B. Stufe I: selbstkostendeckender Orientierungspreis inkl. Gewinnzuschlag, Rabatt, Skonti, Stufe II: Herstellkosten inkl. Gewinnzuschlag, (...), Stufe VI: variable Kosten). Die variablen Kosten stellen die absolute Preisuntergrenze dar!

Kostenträgerzeitrechnung – sie zeigt die objektiven Ergebnisbeiträge einzelner Kostenträger(-Gruppen)

! Die Kostenträgerzeitrechnung ermöglicht gezielte Analysen, Beurteilungen und Planungen der Erfolgsbeiträge einzelner Produktgruppen, Aufträge, Segmente, Geschäftsfelder, Kunden und Vertriebswege.

Eine Kostenträgerzeitrechnung im System der mehrstufigen Deckungsbeitragsrechnung liefert wertvolle Informationen. Die einzelnen Deckungsbeitragsstufen erlauben „auf einen Blick" differenzierte Beurteilungen von Produkten, Produktgruppen, Bereichen. Daraus können viele wichtige operative und strategische Entscheidungen abgeleitet werden (siehe Beispiel).

Beispiel: einstufige und mehrstufige Deckungsbeitragsrechnung

Beispiel: einstufige Deckungsbeitragsrechnung

	Produkt 1	Produkt 2	Produkt 3	Gesamt
Netto-Erlöse	50.000	30.000	20.000	100.000
- zuordenbare variable Kosten	20.000	25.000	5.000	50.000
= Deckungsbeitrag	30.000	5.000	15.000	50.000
- Fixkosten				30.000
= Betriebsergebnis				20.000

Beispiel mehrstufige Deckungsbeitragsrechnung

	Produkt 1	Produkt 2	Produkt 3	Gesamt
Netto-Erlöse	50.000	30.000	20.000	100.000
- zuordenbare variable Kosten	20.000	25.000	5.000	50.000
Produktdeckungsbeitrag (DB I)	30.000	5.000	15.000	50.000
- zuordenbare Produktfixkosten	2.500	1.000	1.500	5.000
= Produktdeckungsbeitrag (DB II)	27.500	4.000	13.500	45.000
- zuordenbare Produktgruppenfixkosten	7.500		3.000	10.000
= Produktgruppendeckungsbeitrag (DB III)	24.500		10.500	35.000
- zuordenbare Produktgruppenfixkosten	2.000		1.000	3.000
Produktgruppendeckungsbeitrag (DB IV)	22.500		9.500	32.000
- Bereichsfixkosten	2.000			2.000
= Bereichsdeckungsbeitrag (DB V)	30.000			30.000
- Unternehmensfixkosten				10.000
= Betriebsergebnis				20.000

Anmerkung: Produkte 1 und 2 ergeben zusammen eine Produktgruppe.

Einen großen praktischen Nutzen haben auch Kundenerfolgsrechnungen, aus denen die Rentabilität einzelner Kunden hervorgeht. So lässt sich für einzelne Kunden (-gruppen) stufenweise aufzeigen, welche Deckungsbeiträge tatsächlich erwirtschaftet werden (siehe Beispiel).

Beispiel einer Kundenerfolgsrechnung

		Kunde 1	Kunde 2	Kunde 3
	Bruttoerlöse			
-	Erlösschmälerungen			
=	Nettoerlöse			
-	direkte Herstellkosten der gelieferten Getränke			
=	DB I (absolut und in % der Bruttoerlöse)			
-	direkt zuordenbare Vertriebskosten			
-	direkt zuordenbare Kundenfinanzierungskosten			
-	direkt zuordenbare Werbekosten			
-	sonstige direkt zuordenbare Kosten			
=	DB II (absolut und in % der Bruttoerlöse)			

Tipp:

Viele weitere konkrete Anwendungsbeispiele zum Thema Kosten- und Leistungsrechnung finden Sie Online und in den Literaturhinweisen zu diesem Abschnitt.

Soll-Ist-Vergleiche

Zum klassischen Repertoire des Controllings gehört auch der Soll-Ist-Vergleich. Dieser wird im Allgemeinen nach folgendem Grundschema ablaufen:

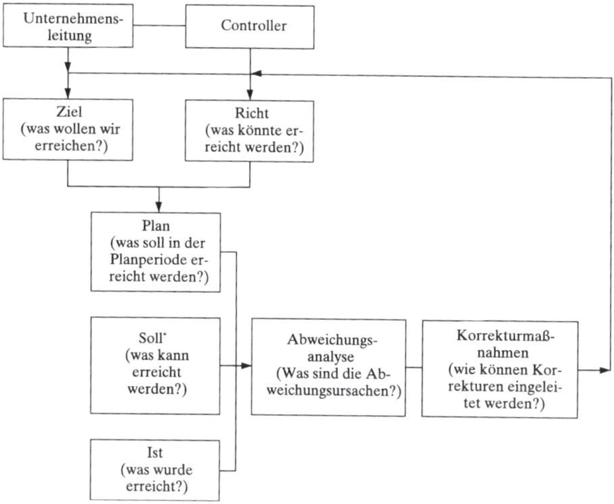

* Hinweis: Das Soll entsteht durch veränderte Ausgangs-Bezugsgrößen, wie z. B. den tatsächlichen Ist-Produktionszahlen.

Tipp:

Empfohlener Ablauf von Soll-Ist-Vergleichen:

1. Die erreichten Ist-Werte einer abgeschlossenen Berichtsperiode (z. B. Istkosten und Ist-Umsätze) sind mit deren Planwerten bzw. Sollwerten zu vergleichen.
2. Mit Hilfe der Abweichungsanalyse werden Korrekturentscheidungen und konkrete Gegensteuerungsmaßnahmen eingeleitet. Wichtig: Planungswerte und Kontrollwerte müssen hierbei aufeinander abgestimmt werden, so dass nur wirklich „Vergleichbares" miteinander verglichen wird.

3. Sollte es erforderlich sein, werden nach der Abweichungsanalyse entsprechende Korrekturmaßnahmen getroffen.

Beispiel: Soll-Ist-Vergleich für die Kostenstelle „Versand"

Abweichungsanalyse Kostenstelle "Versand" (Teil 1)

Planzahlen (Monat Oktober 20xx)

1	Fixkosten (Plan)	80.000 €
2	Variable Kosten (Plan)	20.000 €
3 = 1 + 2	**Gesamte Plankosten (zu Planpreisen)**	**100.000 €**
4	Preisindex	100%
5	**Plan-Transportmenge (Einheiten)**	**1.000**
6 = 1 / 5	Fixe Plankosten je Einheit:	80 €
7 = 2 / 5	Variable Plankosten je Einheit	20 €
8 = 6 + 7	**Gesamte Plankosten je Einheit**	**100 €**

Ist-Zahlen (Oktober 20xx)

9	Fixkosten (Ist)	90.000 €
10	Variable Kosten (Ist)	40.000 €
11 = 9 + 10	Istkosten (zu Istpreisen)	130.000 €
12	Preisindex	105%
13 = 11 / 12	Istkosten (zu Planpreisen)	123.810 €
14	**Ist-Transportmenge (Einheiten)**	**1.200 €**
15 = 8 x 14	**Verrechnete Plankosten**	**120.000 €**
16 = 11 - 15	**Gesamtabweichung**	**10.000 €**
17 = 1 + 7 x 14	**Sollkosten**	**104.000 €**

Die **verrechneten Plankosten** *werden bei der Ist-Beschäftigung auf Basis der Plankosten kalkuliert und den Kunden in Rechnung gestellt.*

Die **Gesamtabweichung** *ergibt sich aus der Gegenüberstellung der verrechneten Plankosten (120.000 €) und der Istkosten (130.000 €). Es entstanden somit Mehrkosten in Höhe von 10.000 €, die nicht als kalkulierte Transportkosten den Kunden in Rechnung gestellt wurden.*

Die Ursachen für diese Gesamtabweichung können nun mit einer Abweichungsanalyse aufgedeckt werden und anschließend Korrekturmaßnahmen eingeleitet werden (siehe nächster Abschnitt).

Hinweis: es wäre falsch, eine Kostenabweichung in Höhe von 20.000 € (= Differenz der Plankosten von 100.000 € und den Istkosten von 130.000 €) einer Abweichungsanalyse zu unterziehen. Die Plankosten wurden auf Basis einer anderen Transportmenge ermittelt und sind nicht mehr mit den Istkosten vergleichbar.

Die **Sollkosten** *drücken schließlich aus, welche Kosten bei wirtschaftlichem Verhalten bei Ist-Beschäftigung in dieser Kostenstelle eigentlich nur entstehen dürften. Da die Fixkosten beschäftigungsunabhängige Kosten darstellen, dürfen sich bei wirtschaftlichem Verhalten nur die variablen, beschäftigungsabhängigen Kosten verändern. Die Sollkosten werden bei der Abweichungsanalyse zur Bestimmung der Verbrauchs- und Beschäftigungsabweichung benötigt (siehe nächster Abschnitt).*

Tipp:

Die Ergebnisse des Soll-Ist-Vergleichs sollten in regelmäßigen Zeitabständen (monatlich, vierteljährlich, halbjährlich, mindestens aber jährlich) den Verantwortungsbereichen (Kostenstellenleitung, Bereichsleitung etc.) vorgelegt werden. Empfehlenswert sind hierbei bei größeren Abweichungen auch grafische Darstellungen (z. B. mit einem „Ampelsystem").

Auf den Punkt gebracht

Beim Soll-Ist-Vergleich werden Istkosten oder Isterlöse mit den Sollkosten/Sollerlösen gegenübergestellt und daraus eine Gesamtabweichung bestimmt. Die Sollkosten/Sollerlöse stellen die an eine Ist-Bezugsgröße (z. B. Istbeschäftigung, Ist-Mengen) angepassten Plankosten/Planerlöse dar.

Man kann davon ausgehen, dass Soll = Ist bzw. Abweichung = 0, eine Fiktion ist, ein erhoffter Fall, der fast nie eintreten wird. Wer sich ärgert, wenn Abweichungen auftreten, hat die Steuerungsfunktion des Controllings nicht erfasst.

Der Versuch, die Ziele zu erfüllen, ist das Ziel. Daher: wer plant, „darf keine Angst vor Abweichungen haben!"

Abweichungsanalysen und Erwartungsrechnungen (Forecasts)

Nach dem Soll-Ist-Vergleich folgen Abweichungsanalysen. Diese sollten mit folgenden Fragen eingeleitet werden:

1.	Woher kommen die Abweichungen? (in welchen Kostenstellen sind die Abweichungen aufgetreten?)	Anamnese
2.	Was sind die Abweichungsursachen?	Diagnose
3.	Was sollte getan werden? (welche Maßnahmen sollen eingeleitet werden?)	Therapie

Drei Abweichungsursachen spielen zunächst für die Controlling-Praxis eine wesentliche Rolle:

1.	Verbrauchsabweichungen	entstehen durch tatsächlichen Mehr- oder Minderverbrauch, z. B. Höherer Stundeneinsatz, Mehrverbrauch von Energie, höherer Ausschuss, Verzögerungen.
2.	Preisabweichungen	entstehen durch Veränderung der Preise für die eingesetzten Güter.
3.	Beschäftigungsabweichungen	entstehen durch Veränderungen des Outputs (z. B. Produktionseinheiten)
Verbrauchsabweichung + Preisabweichung + Beschäftigungsabweichung = Gesamtabweichung		

Nach folgendem Schema lassen sich diese Abweichungen mathematisch berechnen:

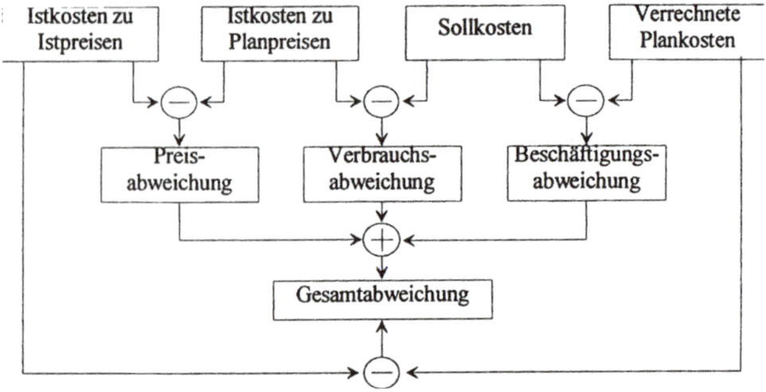

Fortsetzung des Beispiels

Ist-Zahlen (Oktober 20xx)

11 = 9 + 10	Istkosten (zu Istpreisen)	130.000 €
13 = 11 / 12	Istkosten (zu Planpreisen)	123.810 €
15 = 8 x 14	**Verrechnete Plankosten**	**120.000 €**
16 = 11 - 15	**Gesamtabweichung**	**10.000 €**
17 = 1 + 7 x 14	**Sollkosten**	**104.000 €**

Abweichungsanalyse Kostenstelle "Versand" (Teil 2)

18 = 11 - 13	Preisabweichung (PA)	6.190 €	10.000 €	**Gesamt-abweichung = PA + VA + BA**
19 = 13 - 17	Verbrauchsabweichung (VA)	19.810 €		
20 = 17 - 15	Beschäftigungsabweichung (BA)	**-16.000 €**		

- *Die Preisabweichung entspricht den Mehrkosten, die aufgrund der allgemeinen Preissteigerung von 5 % die Istkosten im Vergleich zu den Plankosten erhöht hat.*
- *Die Verbrauchsabweichung entspricht den Mehrkosten, die durch unwirtschaftliches Verhalten in der Kostenstelle entstanden sind (z. B. aufgrund unproduktiver Mehrarbeit, höheren Ausschuss, Energieverschwendung etc.). Die Ist-*

kosten haben sich deshalb im Vergleich zu den Sollkosten, deutlich erhöht.

- *Die Beschäftigungsabweichung führt zu einer Reduzierung der Gesamtabweichung. Aufgrund der im Vergleich zum Plan um 20 % gestiegenen Transportmenge wurden nun 16.000 € höhere Fixkosten kalkuliert (= 20 % x 80.000 €) und den Kunden in Rechnung gestellt. Es wurden also Fixkosten in Höhe von 16.000 € abgedeckt.*

Die Kostenstellenleitung wird in der Regel nur die Verbrauchsabweichung beeinflussen können. Sie kann mit Hilfe dieser Abweichungsanalyse Ansatzpunkte für Kostensenkungspotentiale / Optimierungen erkennen.

Tipp:

Legen Sie die Verantwortung für Abweichungen bei den Kostenstellenleitern fest, da diese nur wenige Abweichungen überhaupt beeinflussen können:

Verantwortlichkeit der Kostenstellenleitung	
nicht verantwortlich für:	verantwortlich für:
Preisänderungen bei Materialien	Verbrauchsabweichungen bei einem bestimmten Leistungsgrad
Änderung der Tarife	falsche Maschinendisposition
Beschäftigungsänderungen	Nichteinhaltung von Terminen
Abrechnungstechnische Änderungen	Verfahrensänderungen
Unverschuldete Stillstände	Qualität
Qualitätsfehler bei geliefertem Material	

Abweichungsanalysen sind Voraussetzung zur Erstellung von **Erwartungsrechnungen (Forecast)**. Darunter versteht man im Controlling eine, an bereits eingetretene Ist-Entwicklung angepasste Planungsrechnung. Die analysierten Abweichungen und daraus abgeleiteten Gegenmaßnahmen werden in die Erwartungsrechnung eingearbeitet:

	Operativer Soll-Ist-Vergleich			Erwartungsrechnung (Forecast)		Neuer Plan *
Zahlen des Unternehmens	Plan	Soll	Ist	Abweichung	Erwartung	
Absatz (St, to,)						
Umsatz in €						
Vertriebskosten						
Deckungsbeiträge						
Cash flow						

* Nur in Ausnahmefällen, wenn Planungsprämissen sich entscheidend verändert haben oder überholt sind.

Die Problematik vieler Erwartungsrechnungen liegt in dem Phänomen, dass die Kosten in der ersten Jahreshälfte häufig unter Plan verlaufen und die Umsätze über Plan:

Umsatz → Trend + in 1. Jahreshälfte – in 2 Jahreshälfte
Kosten → Trend – in 1. Jahreshälfte + in 2 Jahreshälfte

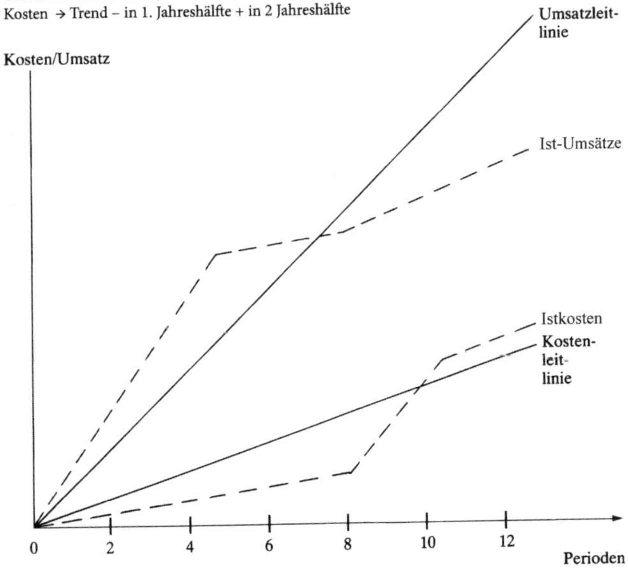

Dies verdeutlicht, dass dem Controller/-in Controlling bei der Erstellung von Erwartungsrechnungen die Vielfalt der Abweichungsursachen bewusst sein muss.

Nachfolgend werden deshalb – neben den bereits beschriebenen – noch weitere „typische" Abweichungsursachen zusammengefasst:

- handwerkliche Planungsfehler;
- von Anfang an unrealistische Ziele (zu hoch, zu niedrig);
- Ausgangsprämissen haben sich grundlegend geändert;
- unvorhergesehene externe Vorfälle;
- Rationalisierungsmaßnahmen oder Restrukturierungsprogramme;
- strukturelle Veränderungen (Einsatz neuer Maschinen und Techniken);
- Preis-, Verbrauchs- oder Beschäftigungsabweichungen;
- zeitliche Verschiebungen des Kostenanfalles;
- Kontierungsfehler (z. B. wurden die Istzahlen anders als die entsprechenden Planwerte verbucht).

Tipp:

Weitere Hinweis, Empfehlungen, Formblätter und Checklisten zur Durchführung von Abweichungsanalysen und zur Erstellung von Erwartungsrechnung finden Sie in den Literaturhinweisen zu diesem Abschnitt.

Auf den Punkt gebracht

Die wichtigsten Abweichungsursachen sind Preis-, Verbrauchs- und Beschäftigungsabweichung. Daneben gibt es eine Vielzahl von weiteren Abweichungsursachen, die insbesondere bei der Erstellung von Erwartungsrechnungen (Forecasts) berücksichtigt werden müssen.

Kennzahlensysteme

Aufgaben und qualitative Anforderungen an Kennzahlensysteme

! Unter Kennzahlen versteht man im Allgemeinen eine Verhältniszahl oder eine Relation (wie z. B. die Umsatzrentabilität, die das Verhältnis von Gewinn und Umsatz prozentual ausdrückt). Kennzahlen gehören zum unverzichtbaren Instrument des Controllings. Denn sie können Schwachstellen aufzeigen, Abweichungen signalisieren, zeigen Entwicklungstendenzen auf und geben Orientierung. Sie erfüllen damit im Controlling die Funktion eines Beurteilungs- und Entscheidungsbarometers.

Zeit ist die knappste Ressource der Unternehmensleitung, deshalb müssen die vielfältigen betrieblichen Informationen schnell, verdichtet, übersichtlich und verständlich berichtet werden. Dafür eignen sich Controlling-Kennzahlen, da diese

Zusammenhänge und Entwicklungstendenzen in **einfacher und konzentrierter** Form darstellen. Sie filtern aus der Flut der betrieblichen Informationen das Wesentliche heraus, **geben Orientierung** und stellen die **wirtschaftliche Situation objektiv** dar.

Tipp:

In fast jedem Unternehmen werden Kennzahlen erstellt – aber leider nur selten richtig interpretiert und „gelebt". Eine wahllose Aneinanderreihung von Kennzahlen wird dem tatsächlichen Bedarf eines Unternehmens sicherlich nicht gerecht. Controllingkennzahlen und Kennzahlensysteme müssen daher immer unternehmensindividuell entwickelt werden. Art und Umfang der Kennzahlen sollen zu den Unternehmenszielen und der Größe des Unternehmens passen.
Für die Aussagekraft ist nicht die Quantität, sondern die Qualität der Kennzahlen ausschlaggebend!

Kennzahlen haben immer eine mehrfache Bedeutung:

1. sie setzen Maßstäbe
2. sie üben Erfolgskontrollfunktion aus
3. sie ermöglichen Vergleiche (innerbetriebliche und außerbetriebliche) im Sinne des „Benchmarking".
4. sie stellen vieldimensionale Sachverhalte der Unternehmung dar
5. sie zeigen Schwachstellen auf
6. sie geben Zielvorgaben

Ein qualitativ hochwertiges Kennzahlensystem sollte zumindest die folgenden Fragen beantworten können:

Checkliste

- ✓ Welches objektive Ergebnis hat das Unternehmen in einer Periode tatsächlich erwirtschaftet?
- ✓ Wie ist die Amortisationsdauer von Investitionen?
- ✓ Bei welchem Umsatz bzw. Stückzahl wird der Break-Even-Point erreicht?
- ✓ Ist das Unternehmen liquide und kreditwürdig?
- ✓ Bei welchen Sparten wird verdient, welche Sparten bringen welchen Deckungsbeitrag bzw. welche Sparten sind Verlustträger?
- ✓ Wo liegen Sie im Vergleich zu anderen Unternehmen?
- ✓ Erkennen Sie „Schwachstellen" überhaupt und vor allem rechtzeitig?

Tipp:

Es sollten nur solche Kennzahlen ermittelt und berichtet werden, die im Unternehmen auch genutzt und „gelebt" werden! Kennzahlen sind auch mit geeigneten Techniken (grafische Darstellungen etc.) veranschaulicht werden
Allgemein gilt:
Kennzahlen sind nur so gut wie die Eingabe oder unsinnige Eingaben = unsinnige Aussagen d. h. die Datenbasis muss richtig und vollständig sein. Kennzahlen sollten daher besser mit den Zahlen der Kosten- und Leistungsrechnung, als mit den Zahlen der Finanzbuchhaltung ermittelt werden.

Achten Sie auf ein konsistentes, ganzheitliches Kennzahlensystems und Berücksichtigung folgender Gesichtspunkte:

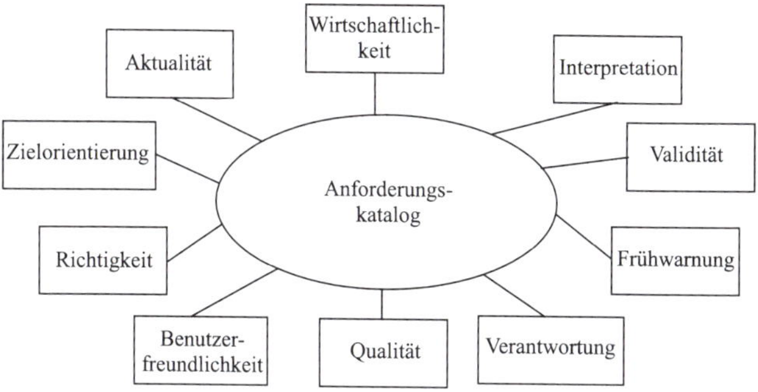

Tipp:

Weitere Praxishinweise und Checklisten zur Auswahl von Kennzahlen und zum Aufbau von Kennzahlensystemen finden Sie als Zusatzmaterial Online und in den Literaturhinweisen zu diesem Abschnitt.

Strukturierung von Kennzahlen

Wir empfehlen, Kennzahlen wie folgt zu strukturieren und an die jeweilige Größe, Struktur und Zielsetzung des Unternehmens anzupassen:

Kennzahlenkategorie	Aussagekraft	Typische Beispiele
Erfolgskennzahlen	Beurteilungsmaßstäbe für die Rentabilität, der Wettbewerbsfähigkeit und für die Unternehmensführung.	Bruttoergebnis/Vertriebsspanne EBIT / EBIT-Marge EBITDA / EBITDA-Marge Gesamtkapitalrentabilität Break-Even-Point Deckungsbeiträge (absolut/relativ)
Aktivitätskennzahlen	Beurteilungsmaßstäbe für die effektive Nutzung des betrieblichen Umlaufvermögens und des langfristigen Vermögens.	Durchschnittliches Debitorenziel in Tagen Durchschnittliches Kreditorenziel in Tagen Durchschnittliche Vorratsreichweite in Tagen Net Working Capital
Produktivitäts-kennzahlen	Beurteilungsmaßstäbe für die technische Wirtschaftlichkeit.	Maschinenkostensätze Ausschußquote Wertschöpfungs- und Pro-Kopf-Kennzahlen Stillstandquoten, Transportzeiten
Liquiditätskennzahlen	Beurteilungsmaßstäbe für das kurzfristige Schuldendeckungspotential. Im operativen Tagesgeschäft sollte die Liquidität vor allem über eine Optimierung des Net Working Capitals gesteuert werden. Mittelfristig wird die Liquidität auch über die Finanzierungsstruktur beeinflusst.	Liquidität 1.–3. Grades Free Cash Flow Cash Flow in % vom Umsatz / Gewinn Verschuldungsgrad, Net Working Capital
Finanzierungs-kennzahlen	Beurteilungsmaßstäbe für die langfristige Solvenz.	Goldene Bilanzregel / Anlagendeckungsgrad Goldene Finanzierungsregel Eigenkapitalquote
Wertorientierte Kennzahlen	Beurteilungsmaßstäbe für Investitionsentscheidungen am Kapitalmarkt.	EVA, ROCE, Market-Value-Added (MVA), Gewinn je Aktie, Kurs-Gewinn-Verhältnis
Risikokennzahlen	Dienen als Frühwarnindikatoren	Cash Flow in % vom Umsatz/Gewinn Deckungsbeitrag in % vom Umsatz Fixkostenstruktur Auftragsreichweite Auftragseingang
Integrierte Kennzahlensysteme	Ein integriertes System sinnvoll kombinierter Kennzahlen zur Erreichung der finanziellen Zielsetzungen.	ROCE, EVA; ROI, Balanced Scorecard
Bereichskennzahlen	Spezifische Kennzahlen zur Beurteilung der Rentabilität und Produktivität einzelner Unternehmensbereiche	Materialbereichskennzahlen, Vertriebsbereichskennzahlen, Kennzahlen des F&E-Bereichs

Beschreibung einiger Top-Kennzahlen zur Unternehmenssteuerung

Im Folgenden werden einige der wichtigsten Kennzahlen beschrieben und ihre Bedeutung kommentiert. Sie sind nicht nur als Frühwarnsystem für ein Unternehmen geeignet, sondern sollten Bestandteil jedes betrieblichen Informationssystems sein. Es empfiehlt sich, erst mit wenigen, dafür sehr aussagekräftigen Kennzahlen, zu beginnen und zu einem späteren Zeitpunkt das Kennzahlensystem dort zu erweitern, wo es notwendig erscheint.

Top-Erfolgskennzahlen (Beispiele):

$$\text{Umsatzrendite} = \frac{\text{Betriebsergebnis} \times 100}{\text{Netto-Betriebsleistung (Umsatz)}}$$

Beispiel:

Jahr	31.12.2016	31.12.2011
Netto-Betriebsleistung in TEUR	3.712,1	3.499,6
Betriebsergebnis in TEUR	44,0	-37,6
in % der Netto-Betriebsleistung (Umsatzrentabilität)	1,2%	-1,1%

Orientierungswerte sind sehr branchenabhängig, z. B. für verarbeitendes Gewerbe > 4–6 %.

Empfohlener Ermittlungsintervall: monatlich.

Die **Umsatzrendite** zeigt an, welches relative Ergebnis aus dem Umsatz (Netto-Betriebsleistung) erzielt wird. Besonders Zeitvergleiche und zwischenbetriebliche Vergleiche (wenn möglich), geben Aufschluss über die eigene Rentabilitätsentwicklung und das Verhältnis zur Konkurrenz bzw. zur Branche.

Eine vorübergehende Verschlechterung muss nicht generell negativ bewertet werden. Sie kann etwa die Folge einer Vertriebsstrategie sein (z. B. wenn die Preise eines Produktes vorübergehend gesenkt werden, um einen höheren Absatz zu erzielen und somit Marktanteile zu gewinnen).

Hinweis: Für das Betriebsergebnis verwendet man in der Praxis oft – aus Vergleichbarkeitsgründen – das operative Ergebnis vor Finanzierungskosten und Steuern **(Earnings before interest and taxes, Ebit)**, dann wird diese Kennzahl auch als Ebit-Marge bezeichnet.

$$\text{Gesamtkapitalrendite} = \frac{(\text{Betriebsergebnis} + \text{Fremdkapitalzinsen} + \text{kalk. Zinsen vom Eigenkapital}) \times 100}{\text{Gesamtkapital}}$$

Beispiel:

Jahr	31.12.2016	31.12.2015
Gesamtkapital in TEUR	2.722,1	2.240,5
Betriebsergebnis vor Zinsen (EBIT) i	80,3	20,6
Gesamtkapitalrentabilität in %	**2,9**	**0,9**

Orientierungswerte sind sehr branchenabhängig, z. B. für verarbeitendes Gewerbe > 6 %.

Empfohlener Ermittlungsintervall: jährlich.

Die **Gesamtkapitalrentabilität** drückt aus, wie effizient das eingesetzte Kapital (also Eigen- und Fremdkapital), unabhängig von seiner Finanzierung, arbeitet. Sie verdeutlicht somit die Erfolgskraft eines Unternehmens und zwar losgelöst von der jeweiligen Kapitalstruktur. Sie zeigt auf, welche Rendite für die Kapitalgeber (Eigen- und Fremdkapitalgeber) insgesamt erwirtschaftet wurde und deckt auf, wie vorteilhaft ein Unternehmen insgesamt mit dem Kapital arbeitet.

Top-Liquiditätskennzahlen (Beispiele):

Der **Cash Flow** (Mittelzufluss) ist eine der wichtigsten Kennzahlen zur Analyse der Liquiditätssituation vor allem zur Beurteilung, inwieweit das Unternehmen aus eigener Kraft Investitionen selbst finanzieren kann. In der Praxis existieren allerdings die unterschiedlichsten Cash Flow Definitionen und Ermittlungsmethoden!

Das Grundkonzept zur Ermittlung des Cash Flows nach der *indirekten* Methode sieht folgendermaßen aus:

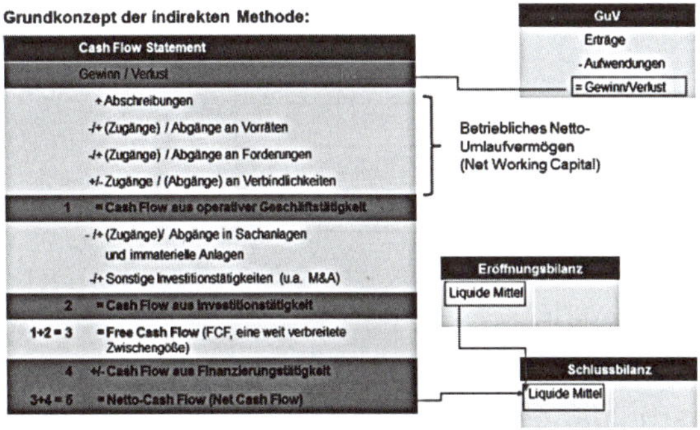

Beispiel:

Jahr	31.12.2016	31.12.2015
OPERATIVER CASH FLOW	**461,3**	**402,9**
Netto-Betriebsleistung (NBL)	3.712,1	3.499,6
OPERATIVER CACH FLOW in % der Nett-Betriebsleistung (Cash Flow Marge)	**12,4%**	**11,5%**

Orientierungswerte:

< 6 %: sehr kritisch; > 12 %: Unternehmen kann aus eigener Kraft Ersatz- und Erweiterungsinvestitionen stemmen. Ausschüttungen können vorgenommen werden.

Empfohlener Ermittlungsintervall: mindestens jährlich.

$$\text{Verschuldungsfaktor} = \frac{\text{Effektivverschuldung}}{\text{Cash flow}}$$

Jahr	31.12.2016	31.12.2015
Verzinsliches langfristiges Fremdkapital	587,4	592,6
+ kurzfristiges Fremdkapital	1.367,0	1.255,2
- flüssige Mittel	28,8	16,6
- kurzfristige Forderungen / kurzfr. VG	202,5	171,7
EFFEKTIV-VERSCHULDUNG	1.723,1	1.659,6
Operativer Cash Flow	461,3	402,9
VERSCHULDUNGSFAKTOR (Jahre)	**3,7**	**4,1**

Orientierungswerte: < 3–4 Jahre gut!

Empfohlener Ermittlungsintervall: Jährlich.

Der **Verschuldungsfaktor** sagt, wie viele Jahre benötigt werden, um mit dem erzielten operativen Cash Flow bei den gegebenen Kosten-, Erlös-, und Finanzierungsstrukturen eine Entschuldung zu erreichen. Je niedriger desto besser!

Top-Aktivitätskennzahlen (Beispiel)

Betriebliches Umlaufvermögen

– kurzfristiges betriebliches Fremdkapital

= (Net) Working Capital

(oder: betriebliches Netto-Umlaufvermögen)

Beispiel:

Working Capital	31.12.2016	31.12.2015
Umlaufvermögen	1.162,9	1.109,1
kuzrfristiges Fremdkapital	1.367,0	1.255,2
Net Working Capital	**-204,1**	**-146,1**

Orientierungswert: 30–50 % des Umlaufvermögens.

Empfohlener Ermittlungsintervall: monatlich.

Da Gläubiger, unabhängig vom unternehmensinternen Finanzplan eine Rückzahlung der kurzfristigen Verbindlichkeiten verlangen können, ist es notwendig, diese Posten durch liquidierbares Vermögen abzusichern. Diese Absicherung kann mit Hilfe des **(Net) Working Capitals** gesteuert und gelenkt werden.

Positives Working Capital heißt, dass die gesamten kurzfristigen Verbindlichkeiten durch Vermögen abgesichert sind, das im etwa gleichen Zeitraum liquidierbar ist. Je höher das Working Capital ist, desto größer sind die Deckung kurzfristiger

Schulden und damit die mittelfristige Liquidität. Kurzfristig führt aber ein hohes Net Working Capital möglicherweise zu Liquiditätsproblemen, da das betriebliche Umlaufvermögen (Forderungen, Vorräte) vorfinanziert werden müssen. Die Beobachtung dieser Kennzahl im Zeitverlauf ermöglicht Aussagen über die Liquiditätsentwicklung der Unternehmung.

Beispiel: Kennzahlenanalyse bei einem Muster-Unternehmen

Erlöse / Kosten	**31.12.2015**	**31.12.2014**
Netto-Betriebsleistung in TEUR	3 712,1	3 499,6
- variable Kosten in TEUR	2 003,4	1 657,3
= Deckungsbeitrag	1 708,6	1 829,3
in % der Netto-Umsatzerlöse (DBU)	**46,00%**	**52,30%**
Fixkosten	1 752,6	1 866,9
Break-Even-Point	**3 807,6**	**3 571,5**

Der Break-even-Point (Gewinnschwellenpunkt) wird berechnet, indem die gesamten Fixkosten des Unternehmens durch den Deckungsbeitrag in Prozent der Netto-Umsatzerlöse (DBU-Faktor) geteilt werden. Der Break-Even-Point verdeutlicht, welcher Mindestumsatz bei den aktuellen Kostenstrukturen des Unternehmens erzielt werden muss, damit die Gesamtkosten des Unternehmens gedeckt werden: Dieses Muster-Unternehmen müsste demnach im Jahr 2015 um die 96 TEUR mehr Umsatz machen, um „die schwarze Null" zu erreichen.

Der DBU von ca. 46 Prozent kann als relativ hoch bezeichnet werden. Dies spricht für ein tendenziell profitables Produktsortiment. Da bei diesem Unternehmen aufgrund steigender

Rohstoff- und Energiepreise und hohem Wettbewerbsdruck auch zukünftig mit einem tendenziell sinkenden DBU zu rechnen ist, sollte versucht werden den Break-Even-Point primär über eine wirksame Kostensenkung bei den Fixkosten zu reduzieren.

Kennzahlensysteme

Einzelkennzahlen haben den Vorteil der Eindeutigkeit. Eindeutigkeit kann aber zu Einseitigkeit führen. Es werden Beziehungen, Zusammenhänge und Ursachen für das Entstehen von Kennzahlen nicht transparent. Die Gefahr von Fehlentscheidungen aufgrund isolierter Kennzahlenanalysen kann durch Kennzahlensysteme verringert werden. Ein Kennzahlensystem ist eine geordnete Gesamtheit von Kennzahlen, die in sachlicher, sinnvoller Beziehung zueinander stehen und zusammen die Ursachen und Hintergründe der wirtschaftlichen Gesamtsituation aufzeigen.

Zu dem bekanntesten Kennzahlensystem – das sich in der Praxis oftmals bewährt hat – gehört:

Return-On-Investment (ROI) / Du Pont System of Financial Control®

$$\text{ROI} = \frac{\text{Betriebsergebnis}}{\text{Umsatz}} \times \frac{\text{Umsatz} \times 100}{\text{durchschnittliches Kapital}}$$

Aus der Kombination zweier Kennzahlen wird einerseits die Entwicklung der Umsatzrentabilität (Erfolg bzw. Misserfolg des Unternehmens) und andererseits des Kapitalumschlags (= zeigt wie intensiv das durchschnittliche eingesetzte Kapitel genutzt wird) dargestellt. Der RoI erhöht sich also entweder durch eine Verbesserung der Umsatzrentabilität und/oder Erhöhung des Kapitalumschlages.

Orientierungswert: branchenabhängig, aber mindestens > 6 %.

Beispiel

Wird etwa ein RoI von 12 % als Zielgröße angestrebt, kann dieser mit unterschiedlichen Szenarios erreicht werden, z.B:

6 % (Umsatzrentabilität) × 2 (Kapitalumschlag) = 12 % (ROI)

oder

4 % (Umsatzrentabilität) × 3 (Kapitalumschlag) = 12 % (ROI)

Bei anlagenintensiven Unternehmen kann der Kapitalumschlag jedoch nicht beliebig erhöht werden, hier muss die Erhöhung der Umsatzrendite im Mittelpunkt stehen.

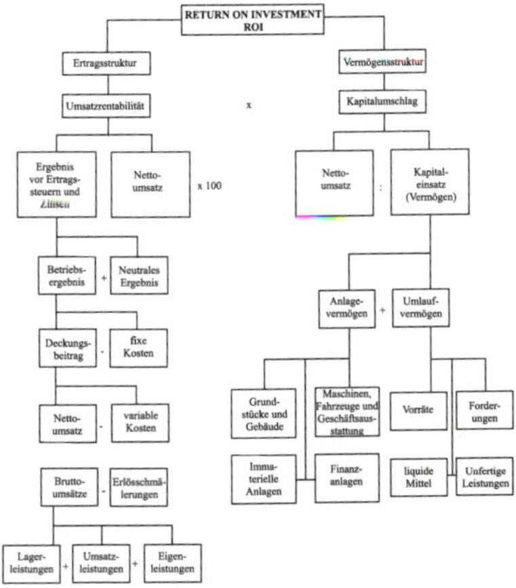

Fazit: Die Vorteile des RoI-Kennzahlensystems liegen darin, dass das Rentabilitätsziel in das Zentrum der Betrachtung gestellt wird. Es zeigt die Möglichkeit auf, nicht nur von Seiten der Umsatzrentabilität den RoI zu erhöhen, sondern auch durch eine Reduzierung des eingesetzten Kapitals eine Steigerung der Kapitalrentabilität zu erreichen, was in der Praxis oft übersehen wird. Das System ist sehr übersichtlich und anschaulich, da es keine Hilfskennzahlen verwendet und damit die in der nächsten Abbildung dargestellten kausalen Zusammenhänge und „Stellschrauben" zur Optimierung der Rentabilität aufzeigt:

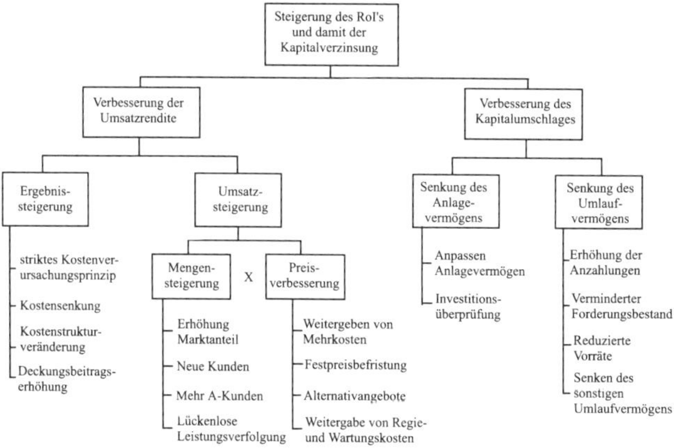

Empfohlener Ermittlungsintervall: mindestens jährlich.

Auf den Punkt gebracht

Kennzahlensysteme sind ein unverzichtbares unternehmerisches Führungsinstrument, um die Gesamtzusammenhänge in einem Unternehmen sichtbar zu machen und das wichtigste Instrument für Unternehmensanalysen. Sie dürfen in keinem Unternehmen fehlen!

Instrumente zur Schwachstellenanalyse/Kostensenkung durch Controlling

In der Praxis haben sich verschiedene Instrumente und Methoden zur Erkennung von Schwachstellen herausgebildet. Diese Instrumente dienen darüber hinaus als Grundlage der Kostenplanung und Kontrolle und als Ausgangspunkt für den Aufbau von Kostensenkungsprogrammen. Nachfolgend werden einige praktikable Instrumente vorgestellt.

Benchmarking

Der vorherige Abschnitt hat gezeigt: für die Analyse und richtige Interpretation von Controlling-Kennzahlen benötigt das Unternehmen die „richtigen" Orientierungswerte bzw. „Benchmarks".

!

Benchmarks werden als Orientierungs- bzw. Richtwert oder Zielgrößen für die Unternehmensführung definiert. Man versteht darunter das systematische Suchen nach rationellen Vorgangsweisen und nach gezielt besseren Lösungen. Sie eignen sich daher sehr gut für Schwachstellenanalysen.
Die zentrale Fragestellung beim Benchmarking lautet:
„Warum sind andere erfolgreicher als wir?" oder
„Was ist die beste Praxis („best practice")?
oder „An was sollen wir uns orientieren – was ist unser benchmark?"

Der Vergleich mit anderen Unternehmen, anderen Strukturen, Arbeitsabläufen und Prozessen, Funktionen, Anforderungen von Stakeholdern, Erkenntnissen über Konkurrenzsituation und viele Anregungen von außen und innen fließen in das Benchmarking ein.

Man unterscheidet in:

1. internes Benchmarking
2. wettbewerbsorientiertes Benchmarking
3. funktionales Benchmarking

Internes Benchmarking geschieht über interne Analysen und (periodenübergreifenden) Vergleich von Vorgangsweisen, Strukturen, Prozessen und Funktionen des Unternehmens. In der Praxis bieten sich insbesondere Analysen von Kostenstrukturen und Leistungen, Controlling-Kennzahlen, Deckungsbeiträgen, von (Prozess-) Kostensätzen und Gemeinkostenzuschlägen an.

Das **wettbewerbsorientierte Benchmarking** setzt den Fokus auf das gezielte „Lernen vom Wettbewerb", wobei Analysen von Kennzahlen, Kostenstrukturen, Produkten, Leistungen, Kostensätzen, Betriebsabläufen, Zielgruppen und ihre Auswirkungen auf das Unternehmen eine wichtige Rolle spielen. Die Informationsbeschaffung gestaltet sich in der Praxis allerdings oft schwierig, da nur eingeschränkt ausreichende und vor allem aktuelle Finanzdaten von Wettbewerbern veröffentlicht werden.

Hier können **Betriebsvergleiche** (die oft von Branchenverbänden angeboten werden) oder **Benchmarking-Runden** helfen.

Beim **funktionalen Benchmarking** vergleicht und analysiert man Prozesse, Arbeitsabläufe und Funktionen bewusst auch von Unternehmen, die nicht direkte Wettbewerber sind.

Empfohlene Ablauforganisation des Benchmarkings:

1. Festlegung der Vergleichsmerkmale und Festlegen der Bereiche, wo die Leistungen verbessert werden sollten/könnten (Definition der Benchmarks).
2. Festlegung des Benchmarking-Teams.
3. Definition der Kosten-Nutzen-Relation. (Bestimmung der kritischen Erfolgsfaktoren).
4. Festlegung der „Best of"-Unternehmen. (Auswahl Vergleichsunternehmen).
5. Ermittlung der Kosten-/Leistungsstruktur des eigenen Unternehmens.
6. Ermittlung der Kosten-/Leistungsermittlung der „Best of"-Unternehmen.
7. Erstellung eines Planes zur Leistungssteigerung und Kostenminimierung.
8. Erarbeitung eines Aktions- und Maßnahmenkataloges.
9. Permanente Überwachung und Steuerung des Aktions- und Maßnahmenkataloges (und dauerhafte Implementierung des Benchmarkings)

10. Korrekturentscheidungen/Gegensteuerungsmaßnahmen.
11. Aktualisierung der Benchmarks (Rückkoppelungsprozess).

Benchmarking lässt sich zur Schwachstellenanalyse eigentlich für alle Unternehmensbereiche, Abläufe, Prozesse einsetzen. Schwerpunktmäßig bieten sich aber folgende Bereiche an:

Vertrieb	Steuerung und Kontrolle des Außendienstes, Verkaufsinnendienst, Auftragsbearbeitung, Auftragsverfolgung, Aufbauorganisation des Vertriebs, Kundenorientierung (z. B. zielorientierte Außendienst-Entlohnungssysteme
Logistik/Materialwirtschaft	Lieferbereitschaft, Verkürzung der Lieferzeiten, Fluktuationsrate, Lieferanten, Kundenorientierung, effektive Ersatzteilversorgung,
Produktion	Minimierung der Fertigungsprozesse, Produktionskostensätze, Optimierung der Durchlaufzeiten, Ausschuss, Rüstzeiten usw.
Administration	Informationssysteme optimieren, Verwaltungskosten
Controlling	Aufbau einer aussagefähigen Kosten- und Leistungsrechnung, Kennzahlensystem
Service/Kundendienst	Reklamationsstatistik, Kundennachbetreuung

Beispiel: Wettbewerbs-Benchmarks für zwei Geschäftsbereiche des Siemens-Konzerns

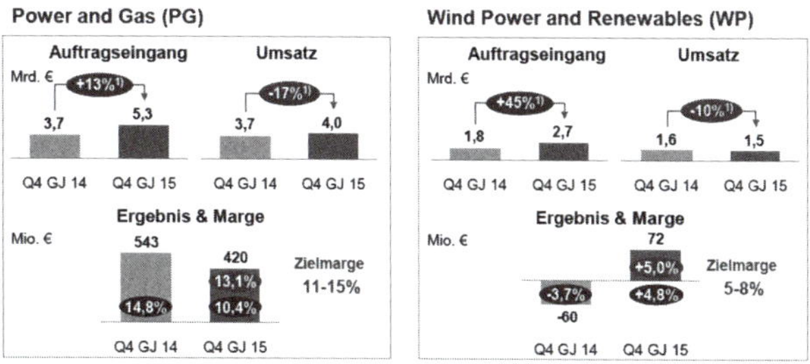

Quelle: Präsentationsunterlage zur Siemens Jahrespressekonferenz vom 12.11.2015, S. 13 (http://www.siemens.com/investor)

Auf den Punkt gebracht

Benchmarking heißt, von erfolgreichen Unternehmen zu lernen, wie man bestimmte Bereiche, Tätigkeiten, Abläufe und Prozesse im eigenen Unternehmen besser, konsequenter, erfolgreicher, effizienter und vor allem der Kosten-Nutzen-Relation entsprechender gestalten könnte.

Grundlagenanalyse

Im Rahmen der Grundlagenanalyse wird die Sinnhaftigkeit und Effizienz einzelner Arbeitsschritte/Tätigkeiten/Prozesse systematisch analysiert und kritisch hinterfragt.

Die Grundlagenanalyse geht dabei von folgenden Fragestellungen aus:

- Ist eine *Tätigkeit/ein Prozess überhaupt notwendig oder kann sie entfallen?*
- *Kann die Tätigkeit/der Prozess überhaupt sinnvoll durchgeführt werden?*
- *Bringt die Tätigkeit/der Prozess überhaupt Vorteile?*

Das kritische Hinterfragen von Tätigkeiten und Prozessen beruht gänzlich auf der Überlegung, dass im Zeitablauf Veränderungen in der geforderten Leistung eingetreten sind, die in der Ablauforganisation nicht berücksichtigt wurden.

! Ziel der Grundlagenanalyse: nicht erforderliche, überflüssige Arbeiten, die keine Vorteile bringen, werden **ersatzlos** gestrichen!

Als Anlässe für die Grundlagenanalyse können beispielhaft angeführt werden:

- merklicher Kostenanstieg für einzelne Tätigkeit;
- „Nutzen" ist nicht, oder nicht mehr in dem Maße gegeben wie ursprünglich;
- Einsatz neuer Verfahren und Technologien bietet sich an;
- Tätigkeit ist entfallen/ursprünglicher Grund bzw. Zweck nicht mehr gegeben.

Die Grundlagenanalyse eignet sich insbesondere in Kostenstellen und Unternehmensbereichen mit eher repetitiven

Arbeitsabläufen (z. B. im Finanz- und Rechnungswesen, Verwaltung, Vertrieb, Logistik).

Auf den Punkt gebracht

Die Grundlagenanalyse orientiert sich am Ziel oder der Aufgabe der jeweiligen Kostenstelle und analysiert die folgenden Fragestellungen:

- Zentrale Frage ist warum?
- Muss die Tätigkeit durchgeführt werden?
- Welche Vorteile bringt die Tätigkeit?
- Kann die Tätigkeit entfallen?

ABC-Analysen

Bei der Durchführung von Schwachstellenanalysen sind Prioritäten und Schwerpunkte zu setzen. Eine ausgezeichnete Methode zum Erkennen dieser Schwerpunkte ist die ABC-Analyse.

!

Bei der ABC-Analyse werden Menge und dazugehöriger Wert des zu untersuchenden Feldes in Beziehung gesetzt und die Elemente mit höchstem Wertanteil ermittelt. Als Einsatzmöglichkeiten der ABC-Analyse sind **Kundenklassifikationen**, die **Wichtigkeit von Einkaufsmaterialien**, **Produktgruppen** usw. üblich, die Analysefelder sind jedoch in der Praxis vielfältig.

Beispiel: ABC-Analyse im Vertrieb

Die ABC-Analyse ermöglicht eine Beurteilung des Beitrags einzelner Kosten- oder Umsatzträger im Vergleich zum Gesamtumsatz bzw. zu den Gesamtkosten. Es wird beispielsweise analysiert, wie viel Prozent des Umsatzes mit wie viel Prozent der Produkte erzielt wurde.

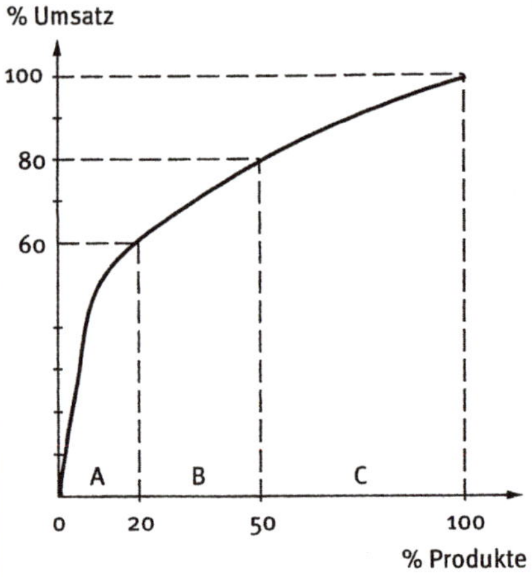

Häufig zeigt eine typische Umsatzstruktur, dass ein relativ kleiner Anteil der Produkte (ca. 20 %) sogenannte „A-Produkte" sind, mit denen ein relativ großer Anteil des Umsatzes (ca. 60 %) des Umsatzes gemacht wird. Ca. 30 % der Produkte sind „B-Produkte", die ca. 20 % des Umsatzes generieren und ca. 50 % der Produkte sind „C-Produkte", mit denen ebenfalls ca. 20 % des Umsatzes erreicht wird. Das Phänomen dieser Wertverhältnisse wird auch als **Pareto-Prinzip** *bezeichnet.*

Zielsetzung der ABC-Analyse im Vertrieb: Definition jener Produkte (Umsatz-Träger), die sehr viel (A-Produkte), etwas (B-Produkte) oder sehr wenig (C-Produkte) zum Verkaufsergebnis beitragen. Neben Produkten können auch Verkaufsbezirke, Kunden, Außendienstmitarbeiter oder Ähnliches mithilfe der ABC-Analyse untersucht werden.

Auf den Punkt gebracht

Die ABC-Analyse ermöglicht ein systematisches Aufdecken von Wert- und Kostenrelationen im Unternehmen. Zumeist deckt die ABC-Analyse auf, dass gemäß dem Pareto-Prinzip nur ein relativ kleiner Anteil der Güter oder Umsatzträger einen Großteil des gesamten Volumens ausmacht. Darauf aufbauend können gezielte, weitergehende Analysen und Kostensenkungsprogramme angestoßen werden.

Zoom®-Organisationsklimauntersuchung

Grundgedanke der Zoom®-Organisationsklimauntersuchung:
Schwachstellenanalysen können am effizientesten, preiswertesten und am schnellsten durch (interne) Mitarbeiterbefragung durchgeführt werden. In der Praxis lässt sich die Organisationsklimauntersuchung in fast allen Unternehmensbereichen durchführen.

Hierzu ist es nötig, die im Unternehmen bekannten Schwachstellen mit Hilfe von Prüflisten zusammenzutragen. Diese Prüflisten sollten sich primär an folgenden Leitfragen orientieren:

Gibt es bestimmte Störungen und Schwierigkeiten im betrieblichen Ablauf, die beseitigt werden sollten, z. B.

- häufig wiederkehrende Fehler,
- Unklarheiten,
- organisatorische Mängel,
- Leerläufe/Leerzeiten,
- vermeidbare Kosten?

Diese Globalmängel werden in Form einer Organisationsklimauntersuchung weiter differenziert und eingegrenzt. Dabei werden die Schwachstellen verdichtet und in einem „Schwachstellenprofil" über eine Skalierung veranschaulicht. Diejenigen Punkte, die in dieser Skalierung am schwächsten abschneiden, sind in einem Sofortprogramm zu verbessern.

Tipp:

Empfohlene Ablauforganisation der Zoom®-Organisationsklimauntersuchung:

1. Initialphase	Grobe Kosten-Nutzen-Analyse, ob eine Schwachstellenanalyse sinnvoll ist.
2. Informationsphase	Erarbeitung von Fragebögen (durch Berater, vorherige Organisationsuntersuchungen, Richtlinien, Literatur usw.).

3. Konkretisierungsphase	Festlegung der Fragen, wobei allerdings Einfühlungsvermögen, psychologisches Geschick und Erfahrung notwendig ist. Durch bewusstes Einarbeiten von Plausibilitätskontrollen soll sichergestellt werden, dass bewusst falsche oder unwillkürlich falsche Beantwortung erkannt wird. Deshalb auch nicht zu allgemein gehaltene Fragen, um präzise Antworten zu bekommen.
4. Testphase	Vor Einsatz der Fragebögen Tests durchführen, um grobe Fehler auszuschalten und einen reibungslosen Ablauf zu gewährleisten.
5. Durchführungsphase	Verteilen der Fragebögen und Terminpläne; Sicherstellen, dass Bögen anonym einmal ausgefüllt werden können, aber immer in einer gemeinsamen Sitzung; Verdichten der Antworten (mit Plausibilitätskontrollen).
6. Auswertungs- und Maßnahmenphase	Trend erkennen und grafische Darstellung der Auswertung; Vorstellen der Ergebnisse; Erarbeiten eines konkreten Schwachstellenprogramms mit Verantwortlichen und Terminen.

Beispiel: Auszug aus einer Organisationsklima-untersuchung:

Zoom®-Organisationsklimauntersuchung der DGC – Auszug (3)

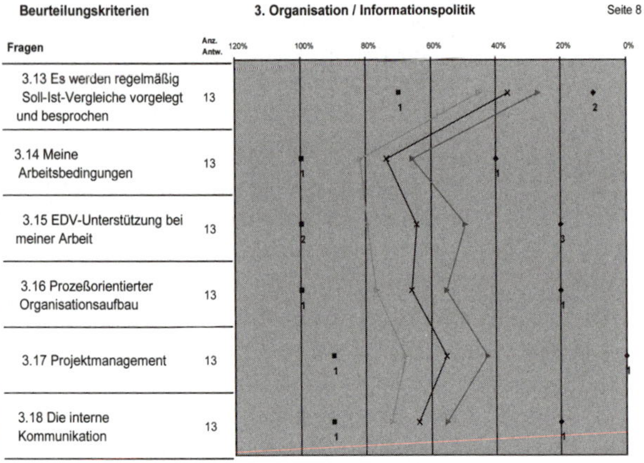

Quelle und Informationen: DGC Deutsche Gesellschaft für angewandtes Controlling (www.dgc.de)

Auf den Punkt gebracht

Die Organisationsklimauntersuchung ist ein effizientes und preiswertes Verfahren zur Schwachstellenanalyse über zielgerichtete Mitarbeiterbefragungen.

Zero-Base-Budgeting (ZBB)

Der Leitgedanke des Zero-Based-Budgeting lautet: „Kosten haben keinen Anspruch vorhanden zu sein".

Das ZBB ist eine Budgetierungsmethode, deren Hauptziel aber darin besteht darin, Funktionen und Arbeitsgänge hinsichtlich ihrer Kosten und des angestrebten Nutzens zu prüfen. Damit ist das ZBB auch ein Controlling-Instrument zur Schwachstellenanalyse und Kostensenkung.

Die **Budgetierung der Mittelzuweisung an operative Einheiten erfolgt auf einer „Null-Basis" (Zero-Base)**, d. h. losgelöst von Vergangenheitswerten. Die Mittelzuteilung erfolgt hierbei nicht nach grundsätzlichen Aktivitäten, sondern nach einzelnen bewerteten **Entscheidungspaketen (Decision Packages)**. Jeder Bereich – für den das ZBB angewendet wird – muss dazu verschiedene Leistungsniveaus definieren, wobei als niedrigstes Leistungsniveau jenes zu bezeichnen ist, das die definierte Zielsetzung gerade noch erreicht.

Daraus resultieren die wesentlichen Merkmale des ZBB:

- Beschreibung von zielorientierten Entscheidungspaketen.
- Auswerten und Bewerten aller Pakete durch eine Kosten-Nutzen-Analyse.
- Bewertung der einzelnen alternativen Leistungsstufen (Soll-Leistungen).

Das ZBB kann unter folgenden Voraussetzungen durchgeführt werden:

- Unternehmensführung definiert strategische und operative Unternehmensziele
- Beschreibung jedes Arbeitsganges in einem sogenannten Entscheidungspaket.
- Budgets sind bis zu jenen Verantwortungsbereichen zu erstellen, die eine wirtschaftliche Durchführung noch erlauben (kleinste Einheit wäre die Kostenstelle/der Kostenplatz), d. h. bis zur kleinsten noch sinnvollen Verantwortungseinheit.
- Budgetinhalt, Budgetausmaß und zeitlicher Bezug müssen festgelegt sein.
- Die ZBB-Bereiche sollen möglichst unabhängig sein.
- Die einzelnen Entscheidungen haben sich an übergeordneten Entscheidungsbündeln zu orientieren.
- Das Denken in „Kreditlimits" muss überwunden werden.
- Jede Entscheidungseinheit muss ihre Existenz und Tätigkeit rechtfertigen durch Festlegung des Niveaus von Leistungen und Optimierung der jeweiligen Kosten-Nutzen-Verhältnisse.
- Kostenstellenbudgets werden nicht aufgrund eventueller Erlöse, sondern aufgrund der tatsächlich erforderlichen Mittel genehmigt.

Empfohlene Ablauforganisation des ZBB:

1.	Unternehmensführung formuliert die strategischen und operativen Unternehmensziele, legt die Höhe der verfügbaren Mittel fest und teilt die ZBB-Bereiche ein.
2.	Einsetzen eines ZBB-Teams
3.	Für die einzelnen Abteilungen/Kostenstellen/Profit Center werden Teilziele festgelegt, die zur Erfüllung erforderlichen Maßnahmen definiert und in Entscheidungseinheiten unterteilt
4.	Auf Abteilungs-/Kostenstellen/Profit Centerebene werden die unterschiedlichen Leistungsniveaus festgelegt und alternative Verfahren und die damit verbundenen Kosten ermittelt und festgelegt, die zur Erreichung des Leistungsniveaus führen.
5.	Jede Abteilung/Kostenstelle/Profit Center bildet für die erarbeiteten Entscheidungspakete eine Rangordnung, wie aus deren Sicht die Mittelzuweisung erfolgen sollte
6.	Das ZBB-Team sammelt die Entscheidungspakete aller Abteilungen/Kostenstellen/Profit Center.
7.	Die Unternehmensführung entscheidet über die Mittelzuweisung für die Entscheidungspakete, nachdem die Prioritäten abgeklärt sind.
8.	Das Controlling leitet aus den Entscheidungspaketen die Budgets ab, die für die Abteilungen Vorgabecharakter haben.
9.	Das Controlling kontrolliert die Einhaltung der Budgets und meldet wesentliche Abweichungen.
10.	Das Controlling stößt Korrekturentscheidungen/Gegenmaßnahmen für die nächste ZBBRunde an.

In Anlehnung an: Zero-Base Budgeting – Vorgehensweisen – nach Meyer-Piening, A./Schierz, J.: Fallstudie Zero-Base Manager Magazin 1978, H. 4, S. 51.

Beispiel: ZBB in der Kostenstelle Finanzbuchhaltung (vereinfachte Darstellung)

Leistungsangebot	Kosten in €	Leistungs-empfänger	Überprüfung auf Notwendig-keit	Festlegung des neuen Leistungsangebots	Festlegung der neuen Kosten in €
Buchungen	10.000	Finanzwirtwirtschaft	erforderlich	wie bisher	10.000
Erstellen des Jahresabschlusses	60.000	Geschäftsführung/ Geldgeber	kann vereinfacht werden	reduziert	40.000
Rechnungs-prüfung	50.000	Einkauf	nur noch auf Plausibilität prüfen	weniger Prüfungen	30.000

Auf den Punkt gebracht

Die Budgetierung „von 0 aus" führt zu einer systematischen Überprüfung der Relevanz aller Gemeinkostenbereiche. Die bisherigen Festlegungen werden gänzlich in Frage gestellt und Funktionen und Arbeitsgänge hinsichtlich ihrer Kosten und des angestrebten Nutzens (regelmäßig) überprüft.

Gemeinkostenverursachendes Anspruchsdenken des operativen Managements und das in der Praxis häufig festgestellte „Herbstwunder" (deutlich höherer laufender Kostenanfall gegen Ende des Geschäftsjahres) können mit ZBB systematisch reduziert werden.

Frühwarnsysteme im Controlling

Controlling beinhaltet die Forderung nach permanenter Frühwarnung. Hierbei sind sowohl interne als auch externe Faktoren rechtzeitig zu erkennen, einzubeziehen und steuernd zu berücksichtigen. Nur so wird die Aktionsfähigkeit des Controllings aufrechterhalten, restriktive Verhaltensweisen abgebaut, Führungsautonomie und Antwortstrategien sichergestellt.

Die Frühwarnung ist so zu gestalten, dass rechtzeitig Signale erkannt und ausgewertet werden und „strategische Überraschungen" verhindert werden.

Unter Frühwarnung versteht man Risiko-Orientierung, Erkennen einer erstarrten Organisation und rechtzeitiges Gegensteuern. !

In der Unternehmung sollte das Controlling ein Früherkennungssystem/Frühwarnsystem als Signal- und Anzeigesystem installieren, das die Wahrnehmung von Chancen unter Abwägung möglicher Risiken ermöglicht.

Ein Frühwarnungssystem besteht in der Regel aus einem **Kontroll- und Analysesystem, Risikokennzahlen** und **Empfehlungen/Entscheidung von Maßnahmen**.

Im nachfolgenden werden jene Analyse- und Beobachtungssysteme dargestellt, die sich für Frühwarnsysteme in der Praxis als relativ einfach zu installierend bewährt haben.

GAP-Analyse (Strategische Lücke)

> **!** Die GAP-Analyse ist ein geeignetes Instrument, um aufzuzeigen, inwieweit die definierten (strategischen) Ziele durch gegenwärtig eingesetzte Methoden auch tatsächlich erreichbar sind.

Grundgedanke ist die Trendextrapolation der Vergangenheit durch Zielprojektion auf die Zukunft.

In der GAP-Analyse werden quantifizierbare Zielvorgaben in Form einer Zielkurve graphisch festgehalten.

Der Zielkurve wird eine Prognosekurve unter der Annahme, dass keine Änderung in der Strategie erfolgt, gegenübergestellt. Der Abstand zwischen Ziel- und Prognosekurve ist die „strategische Lücke". Je weiter sich die beiden Kurven voneinander entfernen, umso notwendiger wird entweder eine Strategieänderung oder Überprüfung der eingesetzten operativen Instrumente.

Tipp:

Empfohlene Ablauforganisation bei der GAP-Analyse:

1. Auswertung der strategischen Zielsetzung und Umsetzung in konkrete Unternehmensstrategie.
2. Aufzeigen, ob zukunftsbezogene strategische Ziele mit der gegenwärtigen Unternehmensstrategie überhaupt erreicht werden können.
3. Festhalten von qualifizierbaren Zielvorgaben in einer Zielkurve.
4. Je höher die Lücke, desto dringlicher ist eine (sofortige) Strategieänderung bzw. Methodenänderung.

Bei der GAP-Analyse kann zwischen einer strategischen und operativen Lücke unterschieden werden:

Eine **operative Lücke** ergibt sich aus Abweichungen zwischen der prognostizierten Entwicklung der Ist-Werte unter Beibehaltung der bisherigen Strategie zur Ziellinie. Diese kann evtl. durch Optimierungen des operativen Geschäftes reduziert werden (z. B. durch Kosteneinsparungsreserven, eines besseren Einsatzes von Vertriebsinstrumenten oder einer Ausweitung des Basisgeschäfts).

Eine **strategische Lücke** kann hingegen in der Regel nur mit Hilfe einer grundsätzlichen Neuorientierung (z. B. neue Produkte, neue Märkte, Segmentierung) geschlossen werden.

Beispiel: GAP Analyse (Darstellung der strategischen Lücke)

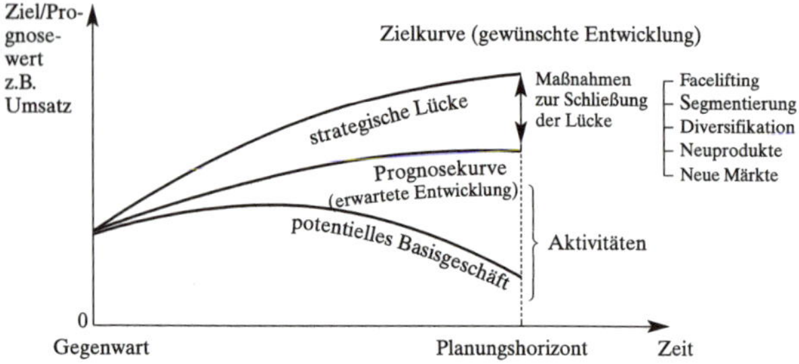

Auf den Punkt gebracht

Die GAP-Analyse ist ein Controlling-Instrument zur Früherkennung von Schwachstellen. Mit diesem Instrument wird graphisch dargestellt, inwiefern sich die geplanten Unternehmensziele (z. B. Umsatzziele oder Kosteneinsparungsziele) erreichen lassen, wenn entweder die heutigen Vorgehensweisen auf die Zukunft übertragen werden oder eine grundsätzliche Neuausrichtung erfolgt.

Portfolioanalysen

Begriff „Portfolio"

Im Finanzbereich versteht man unter Portfolio die Gesamtheit aller einer Person gehörenden Wertpapiere, d.h. die Mischung aus Aktien, Investmentzertifikaten, öffentlichen und privaten Anleihen.

Analog enthält das Portfolio eines Unternehmens alle unternehmerischen Aktivitäten und Einflussfaktoren und die komplexen Beziehungen zwischen Markt und Unternehmen. Dieses Portfolio lässt sich graphisch veranschaulichen und als Informationsinstrument im Rahmen des Frühwarnsystems sehr gut einsetzen.

In der Praxis unterscheidet man heute meist zwischen dem „4-Felder-Portfolio" und dem „9-Felder-Portfolio". Beide Darstellungsarten basieren auf einer Matrix. Entwickelt wurde die Idee der Portfolio-Matrix von der Boston Consulting Group, einer amerikanischen Unternehmensberatungsgesellschaft (Boston-Matrix).

Aufgabe dieser Portfolio-Matrix ist, Zusammenhänge von Marktwachstum und Marktanteil eines Produktes oder einer Sparte oder eines anderen strategischen Geschäftsfeldes (SGF) aufzuzeigen.

Das „Strategische Geschäftsfeld"

Beginnen sollte man ein Portfolio durch Definition von sogenannten „**s**trategischen **G**eschäfts**f**eldern", abgekürzt **SGF**.

Strategische Geschäftsfelder können sein:

- Produkte/Projekte, F&E-Vorhaben
- Absatzwege
- Kunden/Kundengruppen
- Marktsegmente
- Sparten/Bereiche
- Divisionen (innerhalb eines Konzerns)

Durch eine Bewertung aufgestellter Kriterien sowie einer eventuell zusätzlichen Gewichtung ist es möglich, anhand der grafischen Darstellung die jeweilige Position der Produkte/Produktgruppen am Markt zu verdeutlichen. Analytisch können nun die betreffenden Marketingziele und Strategien abgeleitet und definiert werden. Dabei haben sich sogenannte Normstrategien entwickelt (siehe Beispiele).

4-Felder-Portfolio

Beim 4-Felder-Portfolio teilen sich die jeweiligen Achsen in einen niedrigen und einen hohen Abschnitt, um hier eine konkrete Zuordnung bzw. Positionierung vornehmen zu können. Zur Ermittlung der jeweiligen Position sind die Erkenntnisse der Lebenszykluskurve sowie der Kostenerfahrungskurve von wesentlicher Bedeutung.

Die Beziehung zwischen dem Marktwachstum eines Geschäftsfeld, als unternehmensexterne Dimension des Portfolios einerseits und dem dazugehörigen relativem Marktanteil als unternehmensinterne Dimension andererseits macht es möglich, eine Planung von strategischen Geschäftseinheiten vorzunehmen, entsprechend darzustellen und daraus strategische Empfehlungen abzuleiten.

Beispiel: 4-Felder Portfolio-Analyse

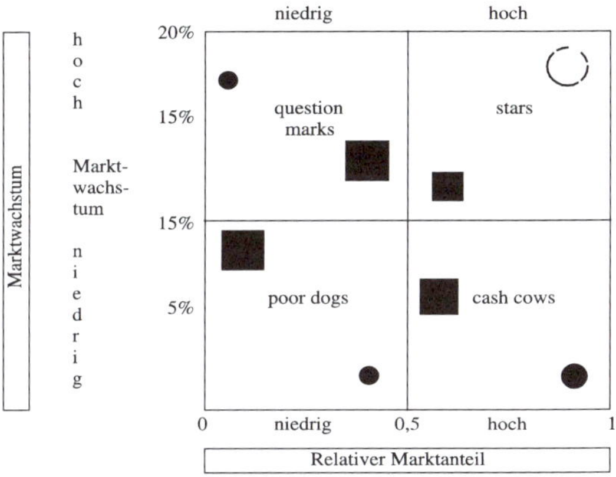

Definition der einzelnen Felder

stars = strategische Geschäftsfelder mit hohem Marktanteil und wachsenden Märkten (meist hohe DBs und cashflow → Normstrategie : Durchdringung)

question marks = wachsende Märkte mit (noch) geringen Marktanteilen Normstrategie: Desinvestment, Diversifikation, Segmentierung

poor dogs = Beitrag zu cashflow nur noch gering niedrige Marktanteile und niedriges Marktwachstum Normstrategie: Desinvestment

cash cow = hoher Marktanteil mit niedrigem Marktwachstum (hoher DB und cashflow in der Gegenwart aber nicht mehr in der Zukunft) Normstrategie: Abschöpfung oder Konsolidierung

9-Felder-Portfolio

Daraus wurde das sogenannte 9-Felder-Portfolio entwickelt (mehrdimensionales Portfolio, Marktattraktivitäts-/Wettbewerbs-Portfolio, McKinsey-Portfolio).

Die Skalierung der Felder erfolgt durch die Kriterien „hoch“, „mittel“, „niedrig“ und wird durch Skalenwerte von 0–100 verfeinert.

Das 9-Felder-Portfolio wird durch die Dimensionen **Marktattraktivität und Geschäftsfeldstärke (oder Wettbewerbsposition)** dargestellt:

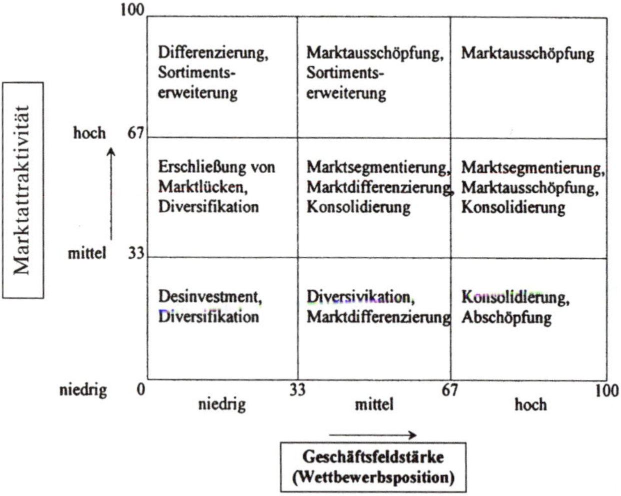

Quelle: Marketing-Normstrategien im Marktattraktivitäts-Wettbewerbs-Portfolio (Preißler/Höfner/Paul/Stroschein: Marketing, 1990, S. 62).

Beispiel: 9-Felder-Portfolio einer Produktgruppe mit mittlerer Marktattraktivität und sehr hoher Geschäftsfeldstärke

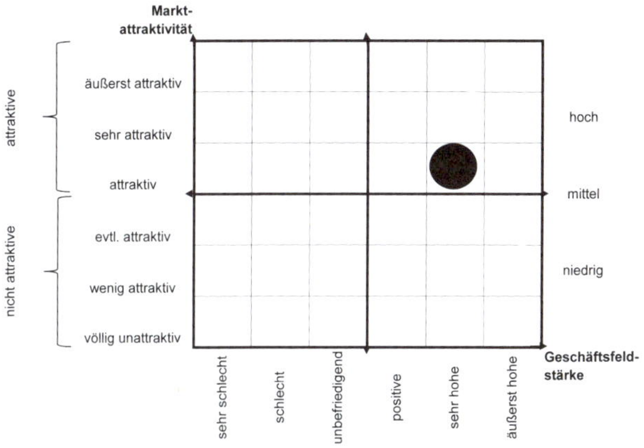

Ist-Zustand: Mittlere Marktattraktivität, sehr hohe Geschäftsfeldstärke.

Empfohlene Strategie: Segmentierung, Ausschöpfung, Konsolidierung.

Einzuleitende Maßnahmen: Konzentration auf spezielle Kundengruppen, Entwicklungen forcieren

So bestimmen Sie die Marktattraktivität der Geschäftsfelder:

Die Marktattraktivität wird meist nach folgenden Kriterien beurteilt:

- *Marktvolumen (-größe)*
- *Marktpotenzial*
- *Marktwachstum*
- *Marktqualität*
- *Zahl und Größe der Wettbewerber (Marktbesetzung)*
- *Investitionsbereitschaft der Wettbewerber*
- *Markt-„Eintrittsschwellen" für neue Wettbewerber*
- *Abnehmer (nach Zahl, Größe und Volumen unterteilt)*
- *Erforderliche Marktbearbeitungsintensität*
- *Profitabilität, Deckungsbeiträge absolut und prozentual*
- *Abnehmerverhalten/Abnehmerbedingungen*
- *Exogene Einflüsse*

So bestimmen Sie die Geschäftsfeldstärke (Wettbewerbsposition):

Während die Marktattraktivität unabhängig von den eigenen Produkten analysiert wird, müssen bei der Wettbewerbsattraktivität die eigenen Produkte beim Wettbewerbsvergleich einbezogen werden.

Die folgenden Kriterien können hierbei einfließen:

Marketing-Mix, u. a.:

- *Produktpolitik*
- *Preis- und Konditionspolitik*
- *Distributionspolitik*

- *Werbung/Verkaufsförderung*
- *Servicepolitik/Kundendienst/Logistik.*

Eigenes Unternehmen, u. a.:

- *Erfahrungspotential (F+E-Potential/ Innovationsfähigkeit)*
- *Finanzielle Ausstattung*
- *Know-How*
- *Strategien*
- *Investitionsfähigkeit*
- *Kapazitäten (personell, technisch, quantitativ, qualitativ)*
- *Innovationsfähigkeit.*

Tipp:

Der Wettbewerbsvergleich sollte immer objektiv aus Abnehmersicht, nicht subjektiv aus der Sicht des Unternehmens erfolgen!
Marktattraktivität und Wettbewerbsvorteile können mit Hilfe von Bewertungsmatrizen oder Skalierungsverfahren ermittelt werden. Bei der Skalierung wird eine Befragung durchgeführt und die Interviewten gebeten, auf einer mehrstufigen Skala ihre Meinungen zu den einzelnen Faktoren abzugeben.

Auf den Punkt gebracht

Portfolio-Analysen können als Frühwarninstrument im Controlling eingesetzt werden. Mit Hilfe der 4-Felder- oder der 9-Felder-Matrix können ganze Unternehmen, strategische Geschäftsfelder oder Produktgruppen bzw. einzelne Produkte im Hinblick auf ihre strategische Positionierung und Wettbewerbssituation transparent gemacht und beurteilt werden um daraus strategische Empfehlungen abzuleiten.

Produkterfolgsanalysen

! Maximaler Umsatz ist nicht gleichzusetzen mit maximalem Gewinn. Controller/-innen sollten deshalb von Zeit zu Zeit mit Hilfe einer Produkterfolgsanalyse zumindest die wichtigsten Produkte/Dienstleistungen oder Produktgruppen auf ihre tatsächlichen Erfolgsbeiträge hin überprüfen.

Wenn sich ein Unternehmen nur von der Umsatzseite seiner Sortimentspolitik leiten lässt, so könnte der Fall eintreten, dass ein Unternehmen Absatzsteigerungen nur dadurch erreicht, dass es Verlustgeschäfte „gepflegt" hat. Vor allem darf ein Unternehmen nie den Fehler machen, durch die Überbetonung der Umsatzseite möglichst viele Artikel in das Sortiment aufzunehmen. Ein zu breites Sortiment gefährdet meistens die Produktivität der Unternehmung!

Denn die meisten Unternehmen, die ein zu breites Sortiment haben, machen häufig folgende Fehler:

- Ausgeprägtes Umsatzdenken und Vernachlässigung des Deckungsbeitragsdenkens.
- Unzureichende Normung und Typisierung.
- Überbetonung von Vertriebsgesichtspunkten, wodurch auch erfolgsschwache Artikel mitgezogen werden.
- Unkenntnis der tatsächlichen Artikelerfolge.

Allerdings darf man sich nicht damit zufriedengeben, dass man den unterschiedlichen Erfolg pro Artikel oder Artikelgruppe ermittelt. Es müssen auch die entsprechenden Konsequenzen und Schlüsse daraus gezogen werden. Mit der Gegenüberstellung der tatsächlichen Kosten und der tatsächlichen Erlöse sollte gleichzeitig die Frage untersucht werden, welche Produkte aus wirtschaftlichen (Rentabilitäts-) Gründen aus dem Verkaufsprogramm genommen werden sollten. Maßnahmen zur Sortimentsstraffung und zur Sortimentsbereinigung sollten parallel eingeleitet werden. Man muss hier zwischen Rentabilitäts- und Imageüberlegungen abwägen. Auch sind dabei besonders die Gewöhnung der Kunden an ein bestimmtes Sortiment und die Notwendigkeit zu berücksichtigen, dem Wettbewerber die Aufnahme einer Geschäftsbeziehung mit dem Kunden durch ein möglichst komplettes Angebot zu erschweren.

Zur Information über die Deckungsbeitragsstruktur (zumindest der wichtigsten) Produkte eignen sich u. a. **Deckungsbeitragsprofile**:

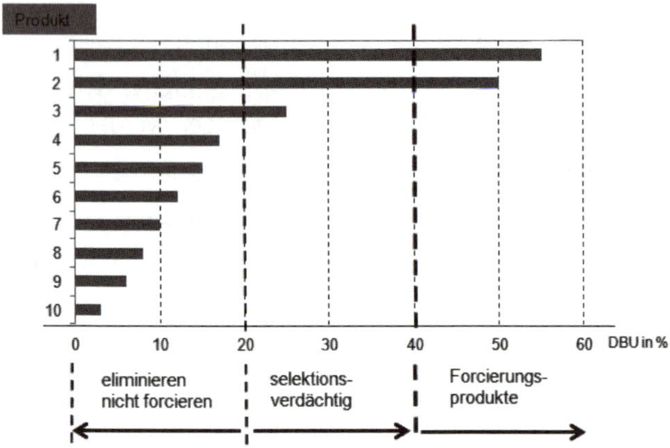

> ### Tipp:
>
> Um diese Aspekte zu berücksichtigen, empfehlen wir, den Block der Vertriebskosten zu systematisieren und durch Unterteilung nach Kostenarten überschaubar zu machen. Den Produkterlösen sollten nur die direkt zuordenbaren Produktkosten und Vertriebskosten gegenübergestellt und eine stufenweise Deckungsbeitragsrechnung durchgeführt werden.

Beispiel: Produkterfolgsrechnung

Artikelerfolgsrechnung	Artikel A		Artikel B		Artikel C	
	T€	%	T€	%	T€	%
Bruttoumsatz	797,2	100,0	1.230,8	100,0	576,9	100,0
./. Erlösminderungen	114,8	14,4	177,2	14,4	104,2	18,1
Nettoumsatz	682,4	100,0	1.053,6	100,0	472,7	100,0
./. direkt zuordenbare Kosten	350,5	51,4	606,1	57,5	283,5	60,0
Erzeugnisdeckungsbeitrag I	333,0	48,8	447,5	42,5	189,2	40,0
./. direkt zuordenbare Entwicklungskosten	19,3	2,8	22,7	2,2	26,3	5,6
./. direkt zuordenbare Werkzeugkosten	14,6	2,1	17,2	1,6	22,8	4,8
./. direkt zuordenbare Werbungs- und Vertriebskosten	29,2	4,3	34,3	3,3	35,8	7,6
./. sonstige direkt zuordenbare Fixkosten	84,7	12,4	96,1	9,1	93,1	19,7
Erzeugnisdeckungsbeitrag II	184,3	27,0	277,2	26,3	11,2	2,4
./. nicht direkt zuordenbare variable Kosten	35,1	5,1	60,6	5,8	28,4	6,0
./. nicht direkt zuordenbare fixe Kosten	24,5	3,6	42,4	4,0	19,9	4,2
Vollkostenergebnis	124,7	18,3	174,1	16,5	-37,1	-7,8
Hinweis: Beurteilungsbasis für die Artikel ist der DB II, nicht das Vollkostenergebnis!						

SWOT-Analysen

SWOT-Analysen

SWOT steht für Strengths, Weaknesses, Opportunities and Threats. Es handelt sich um eine Analysemethode mit dem Ziel, die Stärken und Schwächen sowie die Chancen und Gefahren von Geschäftsfeldern, strategischen Maßnahmen, Innovationen etc. zu beurteilen und graphisch (zum Beispiel in einer Matrix) darzustellen.

Beispiel: SWOT-Analyse für ein Weingut

Stärken (Strengths)	Schwächen (Weakness)
• Anerkannt guter Qualitätsstandard • Gut kalkulierbare Kostenstruktur • Viele exklusive Produkte • Risikostreuung durch guten Kundengruppenmix • Guter Unternehmensstandort • Hohe Innovationskraft • Sehr lange Tradition schafft Vertrauen • Intensive Kundenbeziehungen • Schlanke Personalstruktur • Nischenprodukte	• Schlechte Kapitalstruktur, dadurch zu wenig Marketing • Zu große Artikelanzahl und • Kaum greifbare Profil • Geringer Weinertrag je Rebfläche • Keine aktuelle Kosten- und Leistungsrechnung • Keine intensive Marktbearbeitung zusätzlicher Märkte
Chancen (Opportunities)	**Risiken (Risks)**
• Weiterer Qualitätssprung • Neue Kundengruppen (Versandhandel, Schiffe, Airlines) • Neue Exportmärkte (China, Italien, Großbritannien) • Höhere Wertschöpfung je Liter durch beginnenden Guts-ausschank • Senkung der Kosten je Einheit durch höheren Durchsatz • Steigerung des Bekanntheitsgrades • Zusätzliche Aktivitäten im Außendienst • Nach Einführung der Kosten- und Leistungsrechnung besteht die Möglichkeit einer Artikelbereinigung nach deckungsbeitragsrelevanten Gesichtspunkten	• Verlust an Marktanteilen durch fehlendes Marketing • Hohe Kapitalkosten drücken Ergebnis • Wettereinflüsse

Auf den Punkt gebracht

Mit Hilfe der SWOT-Analyse werden Stärken, Schwächen, Chancen und Gefahren eines Geschäftsfeldes in einer 4-Felder-Matrix transparent gemacht und somit differenzierend analysiert.

Grundstruktur:

Interne Analyse

S **S**trengths *(Stärken)*	**W** **W**eaknesses *(Schwächen)*
O **O**pportunities *(Möglichkeiten)*	**T** **T**hreats *(Bedrohungen)*

Externe Analyse
Einflüsse, die das Unternehmen und den Markt beeinflussen, aber auch den Wettbewerber treffen können

Controlling in einzelnen Unternehmensbereichen

Wenn man sich die Funktionen und Aufgaben des Controllings und die verschiedenen Controlling-Instrumente zusammenfassend vor Augen führt, darf ein wesentlicher Aspekt des Controllings nicht verloren gehen: das Controlling **soll ein permanenter Innovationsmotor in betriebswirtschaftlicher Hinsicht sein!**

> Nur ein ständiges kritisches Hinterfragen eingesetzter Methoden und Verfahren in allen Unternehmensbereichen, mit dem Ziel, die Rentabilität, Wirtschaftlichkeit und Kosten-Nutzen-Relationen langfristig zu verbessern, zeichnet erfolgreiches Controlling aus!

Abschließend werden beispielhaft einige der vielfältigen Einsatzmöglichkeiten und mögliche Ansatzpunkte des Controllings in einzelnen Unternehmensbereichen dargestellt:

Unternehmens-bereich	Mögliche Ansatzpunkte / Controlling-Instrumente
Materialbereich: (Einkaufscontrolling / Logistikcontrolling)	Standardisierung und Normung Errechnung von Kostensenkungschancen Überwachung der Bestandsermittlung Erstellung von Bestellmengentabellen Lfd. Vergleich der Materialkosten ABC-Analysen Kennzahlen Benchmarking Organisationsklimauntersuchung
Produktions- und Leistungserstellungs-bereich: (Produktionscont-rolling / Werkscont-rolling / Projektcont-rolling)	Investitions- und Wirtschaftlichkeitsbe-rechnungen und -kontrolle Produktivitätsüberwachung und -kon-trolle Gemeinkostenentwicklungsvergleiche Wartezeitenanalysen Fertigungsauftragsabrechnung Wertanalysen Eigen- oder Fremdbezug Kennzahlen Benchmarking Checklisten Organisationsklimauntersuchung

Unternehmens-bereich	**Mögliche Ansatzpunkte / Controlling-Instrumente**
Administrationsbereich (Verwaltungs-controlling)	Personalentwicklung IT-Landschaft Schwachstellenanalysen und Kostensenkungsprogramme Unternehmensbewertungen Kennzahlen Prozesskostenrechnung ZBB SWOT-Analysen Checklisten Organisationsklimauntersuchung
Vertrieb (Vertriebscontrolling)	Vom Umsatzdenken zum Deckungsbeitragsdenken Kundenanalysen Angebots- und Nachkalkulation mit Hilfe der Voll- und Teilkostenrechnung Überprüfung der Absatzmengen Überprüfung der Preis- und Konditionenpolitik Überprüfung der Bezirkseinteilung und Bezirksanalysen Tourenplanung, Tourenoptimierung Produkterfolgsanalysen und Sortimentspolitik ABC-Analysen Portfolio-Analysen Auftragsgrößenstruktur Zielorientierte Außendienstentlohnungssysteme SWOT-Analysen Checklisten

Unternehmensbereich	Mögliche Ansatzpunkte / Controlling-Instrumente
Forschung und Entwicklung (F&E-Controlling)	Lebenszyklus-Kostenrechnung Projektcontrolling Kostenstrukturanalysen Checklisten

Abschließende Bemerkungen

Die aufgezählten Ansatzpunkte geben Einblicke in die Fülle der Möglichkeiten, die Controller/-innen zur Beeinflussung des Gesamtergebnisses in einzelnen Unternehmensbereichen offenstehen. Das Controlling soll mit geeigneten Planungs-, Vorgabe-, Steuerungs- und Kontrollinstrumenten das Unternehmensgeschehen innerhalb der vorgegeben Unternehmensziele positiv beeinflussen. Es genügt allerdings keineswegs, einzelne Controlling-Aufgaben nur isoliert wahrzunehmen. Vielmehr kommt es darauf an, ein in das Gesamtunternehmen integriertes Controlling aufzubauen.

Controlling ist „nur" ein Führungsinstrumentarium, aber keine Selbststeuerung und kein Garant für „Schwarze Zahlen"! Die Steuerung hängt nach wie vor personenabhängig von den Fähigkeiten den „Steuernden" ab. Wenn man sich davor hütet, im Controlling mehr zu sehen, als es sein kann, so kann Controlling im Unternehmen „gelebt werden". Controlling sollte allerdings nicht überhastet und unüberlegt eingeführt werden. Ansonsten besteht die Gefahr, dass Controlling im Unternehmen nur Verwirrung stiftet und zu einer zusätzlichen Kostenverursachungsquelle wird.

Mit der Lektüre dieses Buches verfügen Sie nun über das notwendige Basiswissen, um Controlling zu verstehen und dessen vielfältige Einsatzmöglichkeiten im Unternehmen zu erkennen!

Literaturhinweise zu den einzelnen Abschnitten

zu Abschnitt 1: Was versteht man unter Controlling?

Preißler, P.: Controlling, 14. Auflage, 2014, S. 1–4

Deyle, A.: Controller-Praxis, 2 Bände, 1972.

Horváth, P. / Gleich, R. / Seiter, M.: Controlling, 13. Auflage, 2014.

Schierenbeck, H. / Wöhle, C.: Grundzüge der Betriebswirtschaftslehre, 18. Auflage, 2012.

zu Abschnitt 2: Operatives Controlling – strategisches Controlling

Preißler, P.: Controlling, 14. Auflage, 2014, S. 4–7.

Mann, R.: Praxis strategisches Controlling, 1981.

zu Abschnitt 3: Schnittstellen von Controlling und Finanz- und Rechnungswesen

Preißler, P.: Controlling, 14. Auflage, 2014, S. 31–37.

Preißler, G. / Figlin, G.: IFRS Lexikon, 2009.

Vater, H. / Figlin, G. / Preißler, G./ Vanini, U. / Zwirner, Christian: IFRS für Controller und Manager, 2012.

Schierenbeck, H. / Wöhle, C. : Grundzüge der Betriebswirtschaftslehre, 18. Auflage, 2012.

zu Abschnitt 4: Anforderungsprofil an Controller/-innen

Preißler, P.: Controlling, 14. Auflage, 2014, S. 15–19.

zu Abschnitt 5.1: Aufbau eines aussagefähigen Informationssystems im Controlling (Reporting)

Preißler, P.: Controlling, 14. Auflage, 2014, S. 91–98.

Horváth, P./Gleich, R. / Seiter, M.: Controlling, 13. Auflage, 2014.

zu Abschnitt 5.2: Entscheidungsorientierte Kosten- und Leistungsrechnung (KLR) als Hauptbedingung für erfolgreiches Controlling

Coenenberg, G. / Fischer., M. / Günther, T.: Kostenrechnung und Kostenanalyse, 8. Auflage, 2012.

Preißler, P.: Controlling, 14. Auflage, 2014, S. 149–187.

Preißler, P. / Preißler, G.: Entscheidungsorientierte Kosten- und Leistungsrechnung, 4. Auflage, 2015.

Schierenbeck, H. / Wöhle, C.: Grundzüge der Betriebswirtschaftslehre, 18. Auflage, 2012.

zu Abschnitt 5.3 und 5.4: Der Soll-Ist-Vergleich / Abweichungsanalysen und Erwartungsrechnungen (Forecast)

Preißler, P.: Controlling, 14. Auflage, 2014, S. 70–87.

zu Abschnitt 5.5: Controlling-Kennzahlen

Preißler, P.: Controlling, 14. Auflage, 2014, S. 98–148

Preißler, P.: Betriebswirtschaftliche Kennzahlen, 2008.

zu Abschnitt 6.1: Benchmarking

Preißler, P.: Controlling, 14. Auflage, 2014, S. 267–268

Im Internet: www.dgc.de/wasbenchmarking.html.

Restliche Abschnitte:

Preißler, P.: Controlling, 14. Auflage, 2014, S. 212–266.

Horváth, P. / Gleich, R. / Seiter, M.: Controlling, 13. Auflage, 2015.

Schierenbeck, H. / Wöhle, C.: Grundzüge der Betriebswirtschaftslehre, 18. Auflage, 2012.

Stichwortverzeichnis

Die Autoren

Professor Dr. Peter R. Preißler gründete 1987 die DGC Deutsche Gesellschaft für angewandtes Controlling mbH. Peter R. Preißler verfügt über langjährige Praxiserfahrungen in der Wirtschaft. Er zählt außerdem in Deutschland zu einem der renommiertesten Unternehmensberatern und Seminarreferenten. Die Kernkompetenz seiner wissenschaftlichen Lehrtätigkeit und praxisbezogenen Tätigkeiten bilden die Themen Controlling, Einführung von Informations- und Kostenrechnungssystemen, Planung und Durchführung von Kostensenkungsprogrammen, operatives Marketing und Vertriebssteuerung.

Professor Dr. Gerald J. Preißler ist Professor für Rechnungswesen und Controlling an der Technischen Hochschule Nürnberg Georg-Simon-Ohm. Vor seinem Studium der Betriebswirtschaft an den Universitäten Passau und Málaga, schloss er eine Ausbildung zum Industriekaufmann ab. Nach seinem Studium war er mehrere Jahre wissenschaftlicher Mitarbeiter und Doktorand am Lehrstuhl für Revision und Unternehmensrechnung an der Universität Passau. Anschließend arbeitete er in der Zentralabteilung Reporting und Controlling im Bereich Corporate Finance eines großen internationalen Industrieunternehmens. Er ist Mitgesellschafter der DGC Deutsche Gesellschaft für angewandtes Controlling mbH und ist seit vielen Jahren als Seminarreferent und Fachautor tätig.

Impressum:
Verlag C.H. Beck im Internet: www.beck.de
ISBN: 978-3-406-68974-1

Wilhelmstraße 9, 80801 München
Satz: Fotosatz Buck, Kumhausen
Druck und Bindung: Beltz Bad Langensalza GmbH
Neustädter Str. 1–4, 99947 Bad Langensalza
Umschlaggestaltung: Ralph Zimmermann – Bureau Parapluie
Umschlagbild: ©ginasanders – depositphotos.com
Gedruck auf säurefreiem, alterungsbeständigem Papier
(hergestellt aus chlorfrei gebleichtem Zellstoff)